现代农业产业技术体系建设专项资金资助

梨园病虫害生态控制及生物防治

刘 军 魏钦平 刘松忠 鲁韧强 编著

科学技术文献出版社
SCIENTIFIC AND TECHNICAL DOCUMENTATION PRESS
·北 京·

图书在版编目(CIP)数据

梨园病虫害生态控制及生物防治/ 刘军等编著. —北京：科学技术文献出版社，2014.1

ISBN 978-7-5023-8451-7

Ⅰ. ①梨⋯ Ⅱ. ①刘⋯ Ⅲ. ①梨–病虫害防治–生物防治 Ⅳ. ①S436.612

中国版本图书馆 CIP 数据核字（2013）第 259650 号

梨园病虫害生态控制及生物防治

策划编辑：孙江莉　责任编辑：孙江莉　责任校对：张吲哚　责任出版：张志平

出 版 者　科学技术文献出版社
地　　址　北京市复兴路15号　邮编 100038
编 务 部　（010）58882938，58882087（传真）
发 行 部　（010）58882868，58882874（传真）
邮 购 部　（010）58882873
官方网址　http://www.stdp.com.cn
发 行 者　科学技术文献出版社发行　全国各地新华书店经销
印 刷 者　北京金其乐彩色印刷有限公司
版　　次　2014 年 1 月第 1 版　2014 年 1 月第 1 次印刷
开　　本　850 × 1168　1/32
字　　数　90千
印　　张　3.75
书　　号　ISBN 978-7-5023-8451-7
定　　价　29.00元

编者的话

近年来我们在梨树栽培技术的示范推广中，除了解决栽培中的问题外，更多遇到的是梨园植物保护问题，使笔者不得不在梨树栽培示范的同时，挤出些时间去调查和了解病虫害的化学防治和生物防治的问题。近几年，有幸参与了北京市园林绿化局与北京三安公司合作的“北京果树零农残有机栽培”项目，通过对生产示范园和课题组试验园的调查，使我们深深地体会到生物防治的重要性和可能性，更加坚定了我们对梨园病虫害生物防治的信心。实践中体会到，我们太重视侵犯我们利益的敌人，对病虫害发生发展及为害规律研究得很清楚，但对我们的朋友却关心不够，以至对各种有益天敌研究得很少也知之不多。对生产者来说更是知之甚少，甚至把益虫当害虫防治。因此，我们在

杀灭病虫害的措施中，只想如何彻底干净地消灭病虫害，而很少考虑在防治病虫害时如何保护有益天敌的问题，致使在消灭病虫害的同时，也消灭了有益天敌，使病虫害失去了自然控制而越来越猖獗。于是就展开更严厉的化学药剂封杀，使我们失去了自然生态的平衡，又严重地污染了环境。在生产实践中我们观察到某些有益天敌，想通过查阅资料来了解它们，而相关资料却非常少，请教相关的专业人员也难确定它们的身份，这使我们感到十分茫然。原来自然昆虫和动物世界是如此的庞大和门类繁多，其专业性极强，绝非非专业人员所能搞清楚的，这确实令人望而生畏。既然如此，我们也不必也不可能深入搞清楚，就从生产实际出发，先基本搞清谁是我们的敌人，谁是我们的朋友这个植保工作的首要问题。只有这样，才能在消灭敌人的基础上，去有效地保护我们的朋友和发挥朋友的杀敌作用。实践中我们体会到，若有效保护我们的朋友就一定要从不喷或少喷广谱性杀虫剂做起，实施梨园病虫害的生物防治和农业、物理等防治方法相结合，改善果园生态环境，逐步发挥生态调控的作用。为推动我国梨产业的健康发展，普及病虫害生物防治的科学知识，我们将四年来在梨园生物防治方面的理论与实践结果介绍给广大的果树生产者，希望能为梨树生产提供新鲜经验，使生产者得到启发和借鉴作用。

2013年6月于

北京

目录

目录

目录

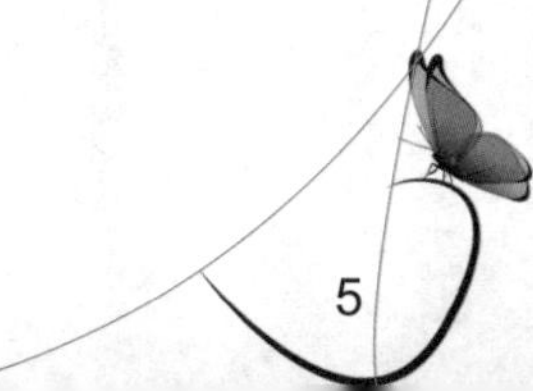

目录

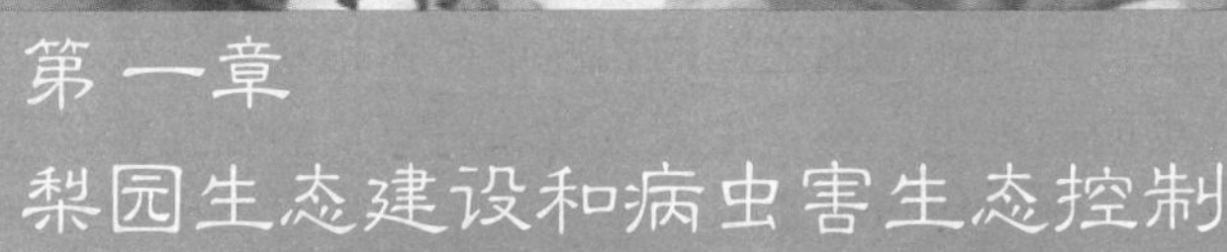

第一章 梨园生态建设和病虫害生态控制

一、目的和意义

果园生态建设，在多年的以化学农药为主要防治病虫害手段的常规管理中已被忽视。近年在绿色和有机果品生产中又被重新认识并给以高度重视。果品生产是集环境保护、食品安全和可持续发展为一体的系统工程，它要求果园整体生态环境协调，在隔离外来各种污染物的基础上，通过果园生态环境的改善，建设相对独立的生态系统和创造天敌繁衍和栖息的场所，增加生物多样性，改善梨树多年生无法轮作的植物单一的生态环境。通过生态建设和生态功能的有机结合，形成具有特殊景观和强化功能的果园生态环境。

生态控制是害虫防治的新策略，即在果园生态系统的整体水平上，以生态学的原理为指导，充分利用作物、有害生物（病虫、草、鼠）和有益生物（天敌和拮抗菌）之间的相互依存、相互制约关系，采取生态学的手段，创造有利于天敌或有益微生物增殖和不利害虫或病原微生物生存的环境条件，以园艺植物为主体、以果园环境为基础，尽可能地发挥园艺植物和有益生物的自然控制作用，将有害生物造成的损失控制在经济阈值以下，从而优化果园生态系统的结构和功能。

果园作为一个生态系统，因果树生长周期长，生态环境相对稳定；因而物种组成丰富，生物群落结构中的食物链和食物网关系复杂，天敌和害虫之间的相互依存和相互制约关系明显。此外，果园内外也存在害虫及天敌和病原物的相互转移现象，使得果园生物组成更加丰富，也导致了果园有害生物管理的复杂化，或加剧有害生物的为害，或利于有害生物的控制。只有充分认识并利用果园内外生物之间的相互关系，才能在果园实施病虫害的生态控制，从而减少化学农药的使用，达到果品安全生产的目的。

二、梨园生态建设的基本方法

（一）破坏病虫最适生态环境

许多病虫害的发生，除了与本身的生物学特性有关外，环境条件的诱导或适合也是重要的原因。因此，通过控制病虫的环境条件和破坏其适应的环境，来降低害虫的虫源基数或病菌侵染的机会，同样可以达到控制病虫害的目的，从而避免化学药剂的使用。许多果树病原微生物和害虫的为害与适宜越冬场所有直接关系，如梨木虱在粘连的叶片间和梨芽缝为害与越冬，山楂叶螨、黄粉虫等常躲在翘皮下、树皮裂缝中或树盘下的土壤中越冬，蝽象则躲在果园房屋、柴垛处越冬，各种食心虫一旦进入果实则难以防治，卷叶蛾则躲在卷叶中为害，许多病原物潜伏于枝干皮下或落叶中等等，这些隐蔽的生活环境，为害虫和病原物提供了避难所。由于药剂防治不利，很容易成为新的虫源和侵染来源；梨园由于管理不善，园内或树冠内通风透光条件差、湿度大，常引起多种叶斑病、黑星病、轮纹病等病害的发生；枝梢的徒长易招致蚜虫、卷叶蛾、梨木虱等害虫的发生；果园内积水常引起根朽病的发生，阴蔽潮湿的地面和酸性肥料还会有利于紫纹羽病的发生。因此，必须通过栽培措施防治辅以必要的人工防治，才能更有效地控制病虫为害。

（二）创造天敌和拮抗菌的适生环境

早春刮树皮防治病虫害

天敌和拮抗菌是果园生态系统中的有益生物群落，是果树害虫和病原微生物的重要自然控制因素。因此，通过栽培管理及人工措施来强化这些自然因素控制有害生物，不但节省防治成本，而且减少了有毒化学物质的使用，提高了果品的质量。

1. 创造拮抗菌的适生环境

拮抗菌是果园中的有益微生物菌群，广泛存在于果树的叶面、果面、树皮（茎面）、根面、根际、花器等部位。这些有益菌类大多是腐生菌、非病原微生物和低致病菌系，有的对果树病原菌有较强的拮抗作用（包括寄生作用和竞争作用）或诱发植株的抗病性，因而限制了病害的发展。在土壤中，重要的拮抗菌有放线菌或链霉菌（如5406抗生菌）、芽孢杆菌（如枯草芽孢杆菌）、荧光假单孢杆菌、放射农杆菌（K84）、木霉菌（如哈茨木霉、绿木霉）等，对果树根部病害有较好的控制作用，其中许多拮抗菌已开发出商品制剂用于根部和地上部病害的防治。叶部的拮抗微生物，可直接或间接地影响叶面或其他部位的病害，或与叶面病原物进行营养的竞争或产生抗生素来抑制病源生物，梨叶面存在对黑星病菌有拮抗作用的木霉菌和毛壳菌。但由于微生物菌群的自然平衡很难打破，或由于大量施用杀菌剂，或由于土壤理化性质及根系分泌物的影响，或由于大气环境等因素，拮抗菌不能完全控制果树病害，还必须通过必要措施增加拮抗菌的数量以加强其控害能力。这些措施有：

（1）果园内增施有机肥和菌肥，改善土壤的结构和理化性质，增加透气性，从而改善土壤的微生物环境并增加拮抗菌的营养，进一步促进拮抗菌的增殖，这是许多土传病害（如白绢病、根腐病等）的重要生防措施。

（2）叶面喷施菌肥，改善叶面拮抗微生物的营养，促进其增殖，以减轻叶斑病的发生。如喷施增产菌、EM菌肥等。

（3）将人工培养的拮抗微生物直接施入土壤或喷洒在果树上，可以改变根际、叶围或其他部位的微生物群落组成，发挥拮抗微生物的优势，达到控制病害的目的。如三安植物保护剂和三安土壤净化剂等。

（4）将带有拮抗微生物的抑菌土移植到未发生拮抗微生物的果园，以有目的的客土措施改善土壤微生物群落组成，起到长期抗病作用。

（5）利用日晒或人工热处理技术处理土壤，刺激土壤中拮抗菌的增殖，削弱病原菌的活力。

（6）随着甲壳素在农业上的开发利用，可以在果园土壤中施用甲壳素，以增加拮抗菌的种类和数量。

2．创造天敌的最适生态环境

果园生态系统中，害虫天敌种类丰富，许多天敌发生数量大，控害能力强。但有的地区由于冬季严寒和果园频繁使用杀虫剂的影响，天敌种类数量较少，致使自然控制作用极小，造成次要害虫上升为主要害虫或害虫的再猖獗。因此，创造天敌良好的生存和繁衍环境，保护和恢复天敌的控害能力，是实施有机栽培防治的基础。

由于果树种类多，不同果树发生的害虫及天敌也各有其特点。即使同一果园，因果树种类和品种栽培的多样性，其害虫及天敌也表现出多样性。这就为天敌的保护利用带来了困难。因此，必须在弄清果树害虫天敌生物学特性、发生规律的基础上，制定可行的措施和适宜的药剂种类才能取得保护天敌的较好效果。

（1）保护越冬的天敌昆虫 北方地区许多天敌由于耐寒性差，在严冬死亡率较高，这是北方生物防治的难点。因此，为了保证来年有较高的天敌基数，需采取一些保护措施。秋末可在果园设置为瓢虫类天敌越冬的保护设置。在树干基部绑草绳、草把，吸引树上的许多天敌（如塔六点蓟马、小花蝽、捕食螨、食螨瓢虫、蜘蛛等）于其中安全越冬。待来年天气转暖后解开放走其中天敌，并消灭其中害虫。果园刮树皮防治枝干病害，应改冬季刮为春季开花前刮。此时，在枝干皮下、裂缝中越冬的天敌已出蛰活动或羽化。如果在早春刮树皮时，仍要注意保护天敌，可将刮下的树皮收集起来，置于保护器具中，待天气转暖后放出天敌，将树皮烧毁。秋末可在果园挖坑填草供蜘蛛、步甲等天敌栖息越冬。在南方梨园可以种越冬作物（如苕子），让蜘蛛等安全越冬。

（2）保护虫果、虫枝、虫叶中的天敌昆虫 许多食心虫为害的虫果内幼虫尚未脱果者，如梨大食心虫、梨小食心虫、卷叶虫，常有多种寄生蜂寄生这些害虫，田间人工防治时，应将这些虫果、虫枝、虫叶收集保存于大养虫笼内，待天敌羽化后放入果园。保护梨木虱跳小蜂，于8、9月采集被寄生的梨木虱若虫，置于纸盒中，保存越冬，翌年4月释放到梨园。在生态环境较简单的果园，可设置人工鸟巢，招引和保护鸟类进园捕食害虫。

（3）增加果园生态系统中的植被品种 改善天敌的生活环境，增加天敌的食料，从而增加天敌的种类和数量，尤其当天敌食料暂时缺乏时更为重要。

①果园生草：根据当地实际情况，选择适宜的草种。在北方，外来天敌的引入基本不能自然繁衍，因此促进乡土天敌群落早期发生，是生物防治的关键。北京地区早春的草种很多，其中群体优势强、对生态作用贡献较大的有夏至草、斑种草、

独行菜、荠菜、苦卖菜、蒲公英、紫花地丁、泥胡菜等。它们在早春4月上旬就可为天敌提供花粉、花蜜和蚜虫等食物，起到促进天敌早期发展壮大、抑制梨树4月中旬花期前后害虫的发展、控制梨树5～6月的害虫为害等作用。夏季则有委陵菜和通泉草等多花植物生长，成为天敌成虫的访花植物。实施果园自然生草或人工生草，可有效改善果园生态环境和提高生物多样性，但必须进行刈割管理，把草高控制在50厘米以内，以防止其对果树生长产生影响。割草要留10厘米残茬，以保证草的多生快长，既增加果园的生物学产量，又发挥较大的生态作用。

春季梨园自然生草

夏季梨园自然生草

秋季梨园自然生草

斑种草

苦荬菜

蒲公英

紫花地丁

附地菜

独行菜

荠菜

委陵菜

梨园常见野生草种

②人工点播鲜嫩多花的植物：可以增加植物的多样性，为天敌群体的发展壮大打下丰富的食物基础。

春季可点种萌芽早的苜蓿、油菜花、小冠花等。夏季春草枯死，夏草以禾本科为主，但开花有蜜的草种较少，只有少量委陵菜和通泉草等开花植物，这时可以人工点种蚕豆、豆角等多花植物，为各类天敌提供食物，以滞留天敌使梨园内始终保持害虫与天敌在低数量水平下平衡发展，防止6月份天敌出现高峰后因食物短缺导致天敌饥饿死亡和过度迁移，以维护梨园的生态平衡。

自然生草中点种的油菜

果园墙边种植多花的山扁豆

③梨园建立绿篱：梨园周围、园内路旁建立常绿树篱，适当保留一些杂草，不仅能招引一些天敌，而且为蜘蛛、步甲等天敌提供隐蔽场所。

梨园生草和人工种植多种植物，使梨园在生长季节中一直有多花和鲜嫩植物生长，始终保持害虫和天敌间的相对平衡。只有植物的多样性，才有昆虫和小动物的多样性，才能不断地改善果园生物群落简单，食物链简短，类型较少、营养结构单一的弱点，提高生物对生物质的利用和转化效率。形成时间、空间错开的不间断的食物链和食物网，增强生态系统的稳定性。通过农业技术措施，可以改变天敌和害虫在时间、空间上的分布，使生态系统的平衡向着更有利于生产需要的方向发展，以满足生产要求。当害虫在果树上出现后，可根据需要适时割草，迫使天敌迁移到树上，达到生物防治的效果。

梨园周边花椒树上吸引的瓢虫幼虫

泥胡菜上的蚜虫和瓢虫幼虫

泥胡菜上的食蚜蝇幼虫

苦荬菜上的食蚜蝇

夏至草上的瓢虫

3. 对病虫害实行以生物防治为基础的综合防治

梨园病虫害化学防治具有方便、快捷和杀虫效率高等特点，但在消灭害虫的同时也消灭了天敌。害虫为植食性动物，生来就食物丰富，生殖繁衍旺盛，种群恢复容易。有益天敌为肉食性动物，必须有害虫作食物才能生存，必须有丰富的害虫食料才能快速繁衍。所以自然界中没有害虫就没有益虫，天敌的发展是在害虫发生高峰之后跟随发展的。生产中不等害虫成灾就开始喷药，致使天敌没有生存发展的机会，不能以与害虫抗衡。病虫害在长期高压措施下，抗药性增强，愈演愈烈，次要害虫为害性上升，使生产者陷于无特效药可施的被动局面。生物农药虽然药效不如广谱化学农药，但也正是因为生物制剂药效缓慢，杀虫效率较低的特点，既杀死了大多数害虫，又不杀伤天敌，为天敌剩余了少量害虫作食物，使生态食物链得以延续，成就了生态平衡和可持续发展。

梨园喷施生物菌剂

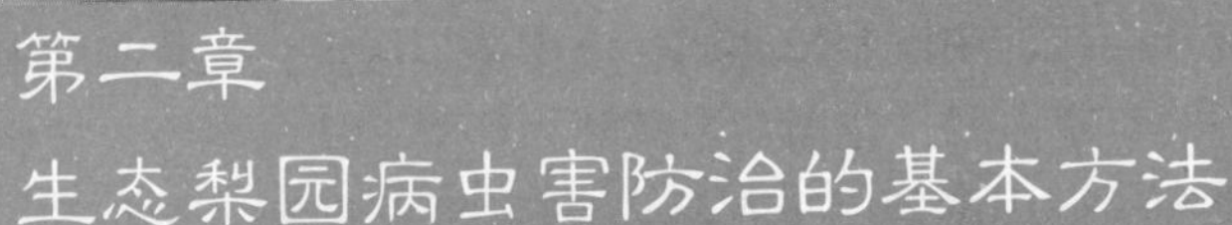

第二章 生态梨园病虫害防治的基本方法

第一节　农业防治

一、栽培抗病虫品种

优质抗病虫品种早酥

梨树种和品种间对病虫的抗性差异十分显著，在优质、丰产的前提下，根据当地病虫害的发生情况，栽植抗病虫品种是防治病虫害最基本、最经济有效的方法。

1. 梨树种和品种对主要病害的抗性

(1) 黑星病　西洋梨表现为免疫，日本梨较中国梨抗病，表现为中抗或高抗，中国梨较感病，以中感型居多。主栽品种中不抗黑星病的有京白梨、花盖梨、鸭梨、茌梨、秋白梨等，抗病品种有南果梨、砀山酥梨、金花4号、红香酥、早酥、五九香、华酥、黄冠、雪青、秋月、甘川以及巴梨、三季梨等西洋梨。

(2) 轮纹病　白梨系统品种较抗轮纹病，西洋梨抗病能力最差。主栽品种中较抗果实轮纹病的品种有雪花梨、红香酥、金花4号、雪青、丰水等，不抗果实轮纹病的品种有八月红、锦香、七月酥等，西洋梨品种普遍不抗梨轮纹病。

(3) 腐烂病、干腐病等枝干病害　秋子梨系统品种抗性最强，白梨系统次之，西洋梨品种抗性最差。主栽品种中抗性强的有京白梨、鸭梨、苹果梨、南果梨、早酥梨等，抗性较弱的有幸水、雪花梨、红香酥以及红巴梨、派克汉姆斯等西洋梨品种。

(4) 锈病　西洋梨品种对锈病的抗性较强，部分西洋梨品种对锈病免疫，日本梨对锈病的抗性次之，中国梨抗性最弱。主栽品种中抗性较强的品种有甘川、若光、园黄、早酥及红星、红巴梨等西洋梨品种，早美酥、西子绿等品种易感染锈病。

(5) 褐斑病和黑斑病　北京地区除七月酥、黄金等个别品种外，一般不发生。

2. 梨树种和品种对主要虫害的抗性

(1) 梨小食心虫　由于梨小食心虫前期为害桃梢，后期为害梨果，所以晚熟梨品种受害重，而且多为害味甜、皮薄、质细的果实。西洋梨早熟品种早红考蜜斯、三季梨以及鸭广梨、子母梨等肉质较粗糙的品种受害较轻，新梨7号、玉露香、红香酥以及鸭梨、砀山酥梨等品种容易受害。

(2) 中国梨木虱　中国梨木虱喜在宽大、细嫩的叶片上产卵、为害，而西洋梨的很多品种叶面小，表面有蜡质层、质地硬，所以西洋梨品种基本不受中国梨木虱为害，五九香、八月红等西洋梨与东方梨的杂交品种受害也相对较轻。

（3）蚜虫　梨二叉蚜和绣线菊蚜等蚜虫喜食嫩梢、嫩叶，故生长势强、新梢停长晚、叶片柔嫩的品种更易受害。主栽品种中丰水、新高、黄冠、红香酥等品种抗性较弱，黄金、园黄、翠冠、绿宝石、阿巴特等品种蚜虫为害轻。

（4）梨茎蜂　不同品种受梨茎蜂的为害程度不同。2009年安徽砀山县梨茎蜂为害严重，以砀山酥梨为主栽品种的梨园平均新梢为害率为13.4%，而鸭梨树新梢受害率几乎为零。

梨种和品种对虫害的抗性研究还处于初步阶段，更多的规律有待揭示。

二、选用健康的苗木和接穗

某些根部病害和病毒病的传播，主要靠引调苗木和接穗。因此要特别注意接穗传播病毒病。对根部病害，在苗木定植前要进行检查，必要时用K84等菌剂浸根处理。

苗木定植前根系检查及处理

三、合理建园

梨园5千米以内不要有桧柏、侧柏等树种，以免锈病转寄主为害。定植时注意合理密植、间作、套作和树种搭配，同时注意前茬作物的影响。老果园应进行土壤处理后再栽树，并避

免栽在原来的老树坑上。梨、桃、李、杏、樱桃等果树不能混栽，否则易导致梨小食心虫、桃蛀螟等害虫发生。定植密度既要考虑提早结果及丰产，又要注意果园通风透光、便于管理。

四、加强栽培管理

1. 改良土壤和合理施肥

土壤是梨树生长的基础，改良土壤是基础的基础。因此，“沙土掺黏”或“黏土掺沙”就是最基础和最有效的工作。在此基础上进行合理施肥，才可以真正改善土壤的“水、肥、气、热”条件，促进土壤团粒结构的形成，增加土壤容量和养分供给能力。土壤是微生物的大本营，多数有益菌和病原菌都生活在土壤中。在增施有机肥的基础上，增施商品生物有机肥或利用有益菌充分腐熟的肥料，都可增加土壤有益菌的数量，拮抗土壤病原菌群落的发展，从而减轻土壤中病原菌的为害，削弱土壤与果树间病原菌循环发展的途径。利用不断向土壤施入各种有益菌等进行生物防治病虫，有利于对土壤有害生物的可持续治理。施用有机肥也要考虑肥料种类及其养分含量，最好根据土壤养分状况进行合理配比，防止过量施肥对梨树生长造成的副作用。平衡施肥可促进树体生长健壮，提高梨树抗病虫能力。秋季局部深翻改土施肥，还可结合施肥深埋病枝落叶，消灭部分病虫害；也将地下病菌、害虫翻到地表，通过冬季低温、风干、日晒杀死越冬病虫害。

2. 合理密植与整形修剪

合理的栽植密度和整形修剪，可以保持梨园的通风透光条件，有利于树体生长健壮，增强抗病虫能力，减少病虫滋生。在梨园交接郁闭的条件下，通风透光差，果园空气湿度大，就为病虫害的发生发展提供了有利条件。透光度高的果园在阳光紫外线的照射下，病原菌很难在树体上长期存活。若遇闷热高湿的天气或多日阴雨，病菌借风雨或蒸腾气流传播并繁殖迅速。

盐碱土施石膏

使用开沟机开沟施肥

夏季修剪改善梨园通风透光条件

3．树下起垄覆盖黑色地膜或地布

秋季结合施用基肥进行梨树行内起垄，春季结合修整土垄进行覆黑色地膜或地布。这一措施不但可以提高春季地温和减少水分蒸发，还可以防止树下杂草生长和雨季梨树积水沤根。特别是地膜（地布）阻止了土壤水分蒸腾，也就阻止了土壤中病原菌孢子随蒸腾流上升，减轻了树体病害的发生。

梨园树下起垄覆盖黑色地布及割草后情况

五、清洁果园

秋末冬初彻底清除落叶和杂草，消灭在其上越冬的黑星病、潜叶蛾、梨网蝽等病虫源。结合疏花疏果，摘除梨黑星病芽梢和顶梢卷叶虫、星毛虫等。生长季节及时检查，清理果园内受炭疽病、轮纹病、桃小食心虫、梨小食心虫、梨大食心虫等为害的病虫果，集中深埋或销毁。梨树的老皮、翘皮与裂缝是山楂叶螨、梨星毛虫、梨小食心虫等害虫的越冬场所，应将其刮下，集中深埋或烧毁。有条件时应将清园的虫果、树皮集中贮放在养虫箱内，待春季天敌孵化、出蛰后，再进行处理，有利于消灭害虫和保护天敌。

刮树皮后树干涂石硫合剂渣子

第二节　生物防治

一、生态梨园病害的生物防治

（一）利用有益微生物防治梨树病害

在自然界中，微生物与微生物之间，微生物与病原物之间存在着相互抑制或相互促进的复杂关系。利用微生物防治植物病害，就是利用微生物对病原物的抑制作用。微生物防治植物病害的机制主要有竞争（空间和养分）、诱导免疫、抗生（分泌抗菌素）和重寄生等。

1．拮抗菌的种类

防治前

防治后

使用三安植物保护剂防治梨锈病效果

某些真菌、细菌和放线菌对病原菌具有拮抗作用，它们被称为拮抗菌，在代谢活动中能够通过分泌抗菌素直接对病原物产生抑制作用。此外，拮抗菌还可以通过快速繁殖和生长而夺取养分，占据生存空间，消耗氧气等来削弱乃至消灭同一生境中的某些病原物。拮抗菌也可以诱导寄主产生防御性反应，或直接寄生于病原菌而抑制病原菌的生长。拮抗性放线菌是人们研究最早并应用到生产中的微生物。最具生防价值的放线菌是

链霉菌，其代谢产物几丁质酶通过造成菌丝畸变、细胞质凝集和外溢而对梨树腐烂病菌、梨果实腐烂病菌等具有较强的抑菌作用。拮抗性木霉菌是广泛分布于土壤和植物体表面的一种腐生真菌。已证实哈次木霉菌能够通过营养竞争和重寄生作用，拮抗白绢病菌、立枯丝核菌、尖镰孢菌和瓜果腐霉，而且能显著增强作物的光合作用，使叶绿素含量增加。将哈次木霉孢子悬浮液喷洒到苹果树上，可明显降低干腐病的发病率；在土壤中施入有机肥可增加土壤有机质含量，促进多种抗生菌的增殖，减轻多种根部病害。

2. 拮抗微生物的作用机制

（1）竞争作用　竞争作用发生于两种微生物有相同需求时。凡是“种缘”相近的微生物，对环境的需要也较相近，因此竞争也更为激烈。微生物间会为养分、生长要素、水分、空间和氧气等而引起竞争。其中以营养及空间较为重要。在作物种植前，如果在土壤中加入足量的有机物及养分，供给微生物生长繁殖所需，则土壤中的微生物种类和数量大增，当作物定植后，根部分泌的营养很快被吸收利用，即可减少病原菌侵袭的机会。空间的竞争为在病原菌占据基质前快速盘踞基质，或在竞争争夺中抑制病原菌的发展。

（2）抗生作用　抗生作用指一种微生物被另外一种微生物的代谢产物抑制，通常是生长受抑制，也可能造成细胞死亡。此种代谢产物可能是抗生素、酶类、有机酸或其他非抗生物质。

（3）重复寄生　植物病原菌被其他微生物所寄生，以致削弱其致病力而减轻病害，这种现象称重复寄生。重复寄生被了解最多的是木霉菌属，并已被建议为生物防治微生物，以拮抗许多土壤病原，已有商品上市。

（4）捕食作用　在自然界中已发现有线虫捕食性真菌，即此类真菌有一些特别构造，用以捕捉线虫。还有以真菌为食物的线虫，称为食真菌性线虫。

（5）静菌作用　微生物在土壤中保持休眠状态，尤其是孢子受到养分限制时，最常见的是有效性碳素源缺乏。腐生性微生物相可能会减少有效性碳素源的水平，并迫使病源菌呈静菌作用，而防止病原菌的发芽及感染。

3. 菌根真菌抑制病害

许多真菌能与高等植物的根共生形成菌根。菌根真菌由于一部分在根外，一部分在根内与寄主共生，而有着特殊的生态位。VA 真菌与果树共生后，能促进果树对水分和养分的吸收，增强树势，从而提高抗病性。目前，果树上已分离到大量 VA 真菌。

（二）诱导植物对病原物产生抗性

一些植物用病原物的无毒突变体或与之亲缘关系密切的腐生菌接种，可以对后来病原物的侵染产生抗性。这个现象称为“免疫”和“交互保护”。现已开始受到病理学家重视。

（三）利用“陷阱”植物

用经济价值不高的作物作为“陷阱”植物，诱导病原物结束休眠而提前萌发，或者非寄主植物的根泌物刺激其萌发，在没有感病寄主植物的条件下，这些病原物会因饥饿或者其他微生侵袭而死亡。

（四）取代或排除残组织中的病原物

清理、焚烧、深埋病残组织；加速病组织腐烂分解（因腐生菌的定殖和发展）造成营养物消耗和代谢物积累，如果这时病原物不能形成休眠结构，就会“饿死”或被其他微生物寄生而消解。

（五）保护寄主并增强其健康水平

可以通过接种有益微生物保护剪锯口及花、果实、种子、幼苗和根系等易感染部位，如接种5406菌、农杆菌K84、枝状芽孢霉、枯草芽孢杆菌、VA菌根菌等。

二、生态梨园虫害的生物防治

（一）以菌治虫

昆虫病原菌种类很多，目前用于害虫生物防治的主要是昆虫病原细菌中的苏云金杆菌（简称Bt）用于防治鳞翅目害虫，对低龄幼虫效果好；杀螟杆菌是一种细菌杀虫剂，主要用于防治鳞翅目的多种害虫；白僵菌是昆虫病源菌，防治卷叶蛾、天牛、梨木虱等害虫；蚜霉菌是寄生蚜虫的霉菌，可引起蚜虫疾病的流行；座壳孢霉为红色真菌，主要寄生各种粉虱；汤氏多毛菌为真菌类杀虫剂，主要侵染锈螨的若螨和成螨；三安植物保护剂，是高效杀虫的特异酵母菌，杀虫谱广，可杀死多种害虫害螨，而不杀伤天敌，特别是杀灭虫卵的效果卓越，是修复梨园生态的优异菌剂。

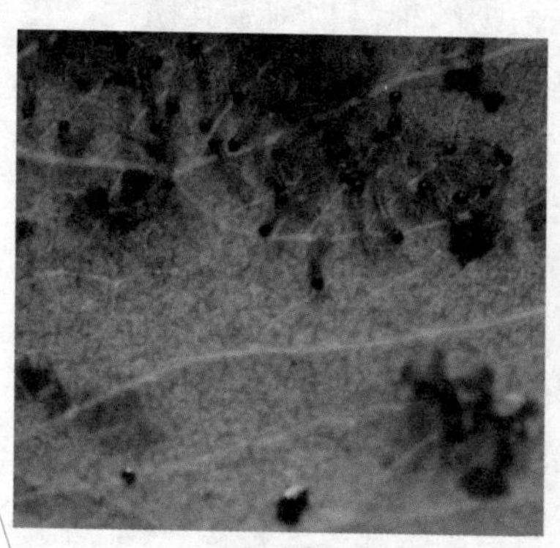
防治前

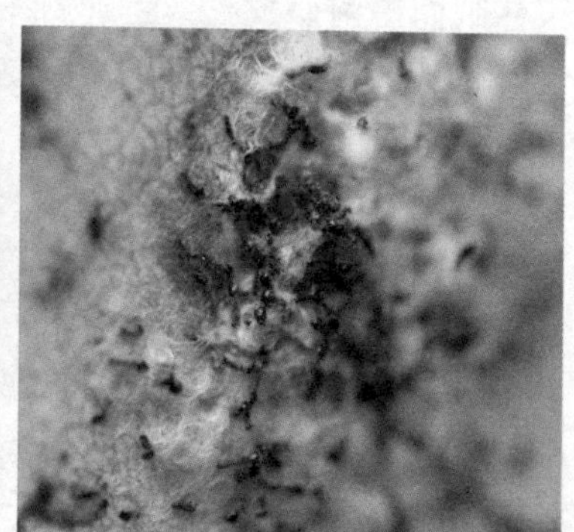
防治后

使用三安植物保护剂防治鳞翅目幼虫效果

（二）以病毒治虫

昆虫病毒是以昆虫为宿主并使宿主发生流行病的病原病毒。它能进行在虫体内从一个细胞进入另一个细胞或从一个个体进入另一个个体的水平传播，也能进行从母体传给子代的垂直传播。在昆虫病毒中，有许多能引起害虫感病而死亡，并开发出了商业化病毒杀虫剂用于害虫的防治。目前已发现的昆虫病毒有500多种，我国昆虫病毒资源也十分丰富，已从7个目196种昆虫中分离到了243株病毒。在果树害虫中，也分离到了许多昆虫病毒，果树商业化病毒杀虫剂有褐带卷蛾颗粒体病毒、核多角体病毒、苜蓿银纹夜蛾核多角体病毒、苹果小卷蛾颗粒体病毒、舞毒蛾核多角体病毒等，在生产中已开始应用。

（三）以虫治虫

以虫治虫即用捕食性、寄生性昆虫和小动物来防治害虫。用于防治害虫的天敌昆虫和小动物有寄生蜂、瓢虫、食蚜蝇、草蛉、捕食螨、蜘蛛、蚂蚁等。

1．保护和利用自然天敌

食虫蝽捕食蚜虫

寄生蜂在梨木虱若虫上产卵

果园生态系统中物种之间存在相互制约、相互依存的关系，各物种在数量上维持着自然平衡，应努力为天敌创造栖息、繁衍的生存条件，达到控制害虫发生发展和保护生产的目的。

2. 人工饲养和释放天敌

目前我国人工饲养和释放赤眼蜂、平腹小蜂防治果树食心虫、卷叶蛾、蝽象等已取得成功。赤眼蜂、平腹小蜂的人工卵已进行商业化生产。

3. 从国外引进天敌

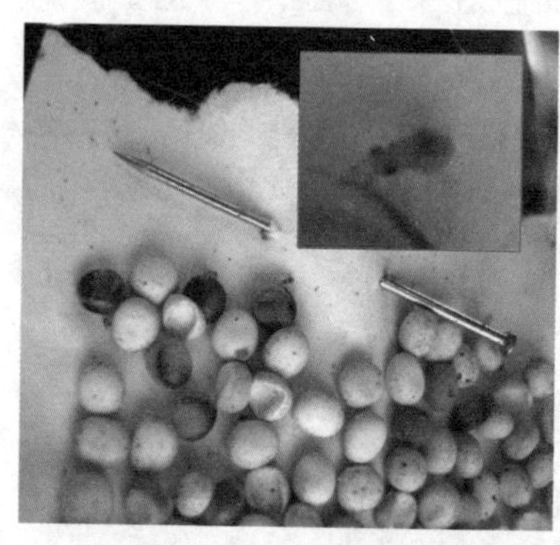

赤眼蜂人工卵和赤眼蜂成虫

平腹小蜂人工卵和平腹小蜂成虫

我国在20世纪50年代初引进澳洲瓢虫，在南方柑橘园中释放，一年后吹绵蚧受到控制，至今未能成灾。近年引进抗有机磷农药的西方盲走螨防治果园叶螨，效果也十分显著，是一项环保高效的技术措施。

（四）利用昆虫激素

昆虫激素即昆虫内激素，是由昆虫内分泌器官分泌的调节昆虫生长、发育和变态与生殖等生命活动的激素，常见的有三类：第一类是脑激素，由脑神经分泌细胞分泌，也称脑活化激素，能刺激其他内分泌器官分泌激素；第二类是咽侧体分泌的保幼激素，能促进虫体各组织保持原来的形态和生长，而抑制成虫器官的分化和发育；第三类是前胸腺分泌的蜕皮激素，控制昆虫的生长脱皮。利用昆虫激素防治害虫宜采取预防策略，于害虫发生早期即使用。常用的有昆虫保幼激素，阻止正常的变态和导致异常变态，如使幼虫期延长成为超龄幼虫或变成为幼虫－蛹中间型，而很快死亡。或导致昆虫不育和卵不能孵化，可达到防治害虫的目的；使用昆虫的蜕皮激素除了调控昆虫的蜕皮以外，还具有调节生长和生殖的功能。此外对许多鳞翅目害虫有拒食和抑制生长发育的作用。常用的药物有：灭幼脲、除虫脲、定虫隆、伏虫隆、氟虫脲、虫酰肼、噻嗪酮等。

（五）利用昆虫性信息素

昆虫性信息素是吸引同种异性个体前来交尾的化学物质，是雌雄昆虫进行性行为化学通讯的媒介物。利用性外激素（性诱剂）通过干扰昆虫正常的交尾行为可以达到防治害虫的目的，防治害虫专一性强，不出现抗药性，对环境无害。目前，以鳞翅目害虫的性外激素应用较多。昆虫性外激素用于害虫防治主要有三方面：

1．虫情监测

利用性外激素监测害虫，具有敏感度高、特异性强、方法简便和成本低等优点。根据诱虫时间和诱虫量以指导害虫防治，从而提高防治质量，减少喷药次数，即减少了杀虫剂的污染和残留。

盆型诱捕器测报梨小食心虫虫情

2．诱杀防治

屋型诱捕器诱杀梨小食心虫成虫

在果园设置一定数量诱捕器，诱杀雄虫，减少雌雄交尾率和雌虫产卵率，从而降低了害虫的密度。据试验，每亩挂6～8个诱捕器，可以达到防治的效果。

3．干扰交配（迷向防治）

迷向丝

在田间大量设置性外激素散发器（塑料管型和橡皮头型），使性诱剂气味散发弥漫至空间，使雄虫分辨不出真假，失去交尾机会，从而压低了虫口的密度，防治效果显著。在欧美和日本、韩国等国，迷向防治已成为防治苹果蠹蛾、梨小食心虫等蛀果害虫的主要方法。

目前，昆虫性信息素的利用已较普遍。商品的诱芯种类有梨小食心虫、苹果蠹蛾、桃小食心虫、苹小卷叶蛾、李小食心虫、桃蛀螟等。

（六）利用其他有益动物防治害虫

1．昆虫病原线虫

昆虫病原线虫是专门寄生于昆虫体内的线虫，种类很多，在自然界分布较广，有5000多种。主要分属于斯氏线虫科的斯氏线虫属、异小杆线虫科的异小杆线虫属和索线虫科。用于果树害虫防治的主要是前两类。我国经初步调查，已收集、分离到斯氏线虫近100种。

昆虫病原线虫侵入害虫的途径是从口腔进入虫体，一般是在害虫取食时随食物进入口腔，然后至消化道。另一途径是经昆虫的体壁侵染，这种寄生线虫的幼虫能分泌唾液，内含能溶解昆虫体壁几丁质的溶解物，破坏害虫体壁的构造，以便穿过体壁进入虫体。昆虫病原线虫不同于一般的昆虫寄生线虫，它的消化道内携带着共生细菌。当线虫进入害虫血腔后，共生菌就从线虫体内释放出来，在害虫的血液内快速增殖，使害虫患败血症迅速死亡。有的害虫被寄生后，行动呆滞，食欲减退，不交尾，不产卵，最后死亡。

利用病原线虫的主要优点在于能控制某些较为隐蔽的害虫，特别是卷叶、蛀果、蛀茎者，如卷叶蛾、苹果蠹蛾、桃小食心虫、木蠹蛾等，较广泛用于林果害虫的防治。尤其在人工大量繁殖后，释放于果园，效果更好。

2. 鸡、鸭、鹅等禽类

梨园中散养鸡、鸭、鹅等家禽，可啄食土中和落果里的害虫，并能有效控制蜗牛的为害。

梨园树下散养家禽控制虫害

3. 益鸟

鸟类也是农林害虫的重要天敌类群之一，在自然界形成重要的自然控制力量，尤其是在控制果树害虫上作用更大。常见的益鸟有：大山雀、大斑啄木鸟、大杜鹃、灰喜鹊、喜鹊、戴胜、麻雀等，山区、平原均有分布，喜欢在果园、灌木、阔叶林中活动，能捕食果园多种害虫，尤其是藏在隐蔽处的害虫。

北京地区梨园常见益鸟戴胜

三、常用生物菌剂

1．苏云金杆菌（BT）

是一种细菌杀虫剂，含有毒杀害虫的伴孢晶体和芽孢毒素。是由昆虫病原细菌苏云金杆菌的发酵产物加工成的制剂。其可湿性粉剂由苏云金杆菌活芽孢和填料组成，每克含100亿活芽孢。对防治鳞翅目害虫低龄幼虫效果好。对人畜安全，不伤害天敌，不污染环境，无残毒。

2．白僵菌

是一种真菌杀虫剂，是由半知菌丛梗孢科白僵菌属发酵加工的制剂。常用的有两个种：球孢白僵菌和卵孢白僵菌，均属好氧性菌。白僵菌的分生孢子接触虫体后便萌发长出芽管，可穿透害虫体壁进入体腔，以体液为营养加速繁殖，致虫体感病僵死。死虫体表菌丝上形成分生孢子，可借风传播感染其他害虫个体。白僵菌杀虫广谱，对多种昆虫、螨类都有较好防治效果。

3．绿僵菌

真菌杀虫剂。属半知菌类丛梗霉科，绿僵菌属，是一种广谱的昆虫病原菌。能寄生金龟甲、象甲、金针虫、鳞翅目害虫幼虫和半翅目蝽象等。可诱发昆虫产生绿僵病，可在种群内形成重复侵染。绿僵菌对人畜无害，对天敌昆虫安全，不污染环境。

4. 三安植物保护菌剂

真菌杀虫杀菌剂。是酵母菌中筛选出的几个防病和治虫的高效优株组成。该保护剂需在使用前兑水发酵，水、剂比例为（30～50）：1，发酵过程中每4～5小时搅拌一次，发酵最佳温度25～30℃，经过2～3天发酵，见液面起泡并嗅到微酸味即可，取上清液进行喷布。通过抑制各种虫卵孵化和分泌杀虫酶与植物酶和植食害虫消化酶产生三酶凝聚反应，使虫害不能消化而死亡；通过活菌占领生态位及分泌抗生素来控制各种病原菌的生长发育，抑制病害的发生和发展。三安植物保护剂无毒无害，不杀伤天敌，不污染环境，防治病虫作用全面。

三安植物保护剂加水搅拌、发酵

第三节 植物、动物和矿物来源农药防治

植物、动物和矿物来源农药具有天然、易分解的特点，合理使用不会对环境造成为害，是生态梨园中病虫害防治的重要手段之一，同时由于不需要化学和人工合成，节约能源，也是

今后农药产业发展的方向。根据2012年3月1日起实施的最新有机产品国家标准GB/T19630—2011，有机农产品生产中允许使用的植物、动物和矿物来源植物保护产品见下表。

类别	名称和组分	使用条件
Ⅰ. 植物和动物来源	楝素（苦楝、印楝等提取物）	杀虫剂
	天然除虫菊素（除虫菊科植物提取液）	杀虫剂
	苦参碱及氧化苦参碱（苦参等提取物）	杀虫剂
	鱼藤酮类（如：毛鱼藤）	杀虫剂
	蛇床子素（蛇床子提取物）	杀虫、杀菌剂
	小檗碱（黄连、黄柏等提取物）	杀菌剂
	大黄素甲醚（大黄、虎杖等提取物）	杀菌剂
	植物油（如：薄荷油、松树油、香菜油）	杀虫剂、杀螨剂、杀真菌剂、发芽抑制剂
	寡聚糖（甲壳素）	杀菌剂、植物生长调节剂
	天然诱集和杀线虫剂（如：万寿菊、孔雀草、芥子油）	杀线虫剂 杀菌剂
	天然酸（如：食醋、木醋和竹醋）	杀菌剂
	菇类蛋白多糖（蘑菇提取物） 水解蛋白质	引诱剂，只在批准使用的条件下，并与本附录的适当产品结合使用
	牛奶	杀菌剂
	蜂蜡	用于嫁接和修剪
	蜂胶	杀菌剂
	明胶	杀虫剂
	卵磷脂	杀真菌剂
	具有驱避作用的植物提取物（大蒜、薄荷、辣椒、花椒、薰衣草、柴胡、艾草的提取物）	驱避剂
	昆虫天敌（如：赤眼蜂、瓢虫、草蛉等）	控制虫害
Ⅱ. 矿物来源	铜盐（如：硫酸铜、氢氧化铜、氯氧化铜、辛酸铜等）	杀真菌剂，防止过量施用而引起铜的污染
	石硫合剂	杀真菌剂、杀虫剂、杀螨剂
	波尔多液	杀真菌剂，每年每公顷铜的最大使用量不超过5千克

续表

类别	名称和组分	使用条件
Ⅱ. 矿物来源	氢氧化钙（石灰水）	杀真菌剂、杀虫剂
	硫磺	杀真菌剂、杀螨剂、驱避剂
	高锰酸钾	杀真菌剂、杀细菌剂；仅用于果树和葡萄
	碳酸氢钾	杀真菌剂
	石蜡油	杀虫剂，杀螨剂
	轻矿物油	杀虫剂、杀真菌剂；仅用于果树、葡萄和热带作物（如：香蕉）
	氯化钙	用于治疗缺钙症
	硅藻土	杀虫剂
	粘土（如：斑脱土、珍珠岩、蛭虫、沸石等）	杀虫剂
	硅酸盐（硅酸钠、石英）	驱避剂
	硫酸铁（3价铁离子）	杀软体动物剂

梨园常用的植物、动物和矿物来源农药除传统的石硫合剂、波尔多液外，还有以下几种：

1. 绿颖

为高效、低毒矿物乳油，用于螨类、介壳虫类、蚜虫和梨木虱等害虫的防治。矿物油能在虫体上形成油膜，封闭气孔，使害虫窒息致死。或由毛细管作用进入气孔而杀死害虫。绿颖还能改变害虫寻找寄主的能力。植食害虫主要以其足、触角、口器和腹部上微细的感触器来分辨寄主植物及决定产卵和取食与否。绿颖形成油膜，封闭了这些感触器，阻碍了害虫的辨别能力，从而明显地降低产卵和取食。绿颖为小分子物质，能挥发,可以由微生物分解成水和二氧化碳，因此不破坏生态环境；对自然天敌的杀伤力低；不刺激其他害虫大发生；以物理窒息杀虫，害虫不会对其产生抗性。绿颖除了单独使用防治害虫外，还可以作为展着剂，与其他杀虫剂混合使用，提高这些杀虫剂在植物和虫体上的粘着力，从而提高杀虫效果。

2．80%硫磺水分散粒剂

微粒直径约为150微米，由硫磺微粒及高效助剂组成。制剂具有出色的可湿润性和分散性，接触水后会立即彻底分散成为介于小于2微米和6微米之间的颗粒，从而形成稳定的悬浮液。可防治白粉病、锈病及其他真菌病害，同时兼治螨类。和其他硫磺制剂相比具有用量低、毒性低、药效好、无粉尘等优点。此外，制剂中还含有良好的粘附展着剂，可增强粘附性能，更耐雨水冲刷。

3．多宁

有效成分为硫酸铜钙，其独特的铜离子和钙离子大分子络合物，可确保铜离子缓慢、持久释放。多宁遇水才释放杀菌的铜离子，而病菌也只有遇雨后才萌发侵染，两者同步，杀菌较好，保护较长，对果树安全。多宁的颗粒细，呈绒毛状，能均匀分布并紧密粘附在作物的叶面和果面，耐雨水冲刷，持效期较长。pH值为中性偏酸，可与大多数不含金属离子的杀虫杀螨剂混用。可作为波尔多液的替代产品用于早期落叶病、炭疽病、轮纹病及锈病等病害的防治。

4．烟碱·苦参碱乳油

以中草药为主要原料研制而成的植物源杀虫剂。该产品对害虫具有强烈的触杀、胃毒和一定的熏蒸作用，对鳞翅目、鞘翅目、半翅目、直翅目等害虫有良好的防治效果，用药后对作物安全，无药害产生。

5．楝素

为广谱、高效的植物源杀虫剂，其杀虫机理主要是作用于昆虫（害虫）的神经肽，阻止其表皮几丁质的合成，驱杀或排斥幼虫和成虫，抑制或制止产卵，具有非常明显的拒食、忌避及抑制生长发育等作用。能有效防治15个昆虫目的400多种昆虫（害虫），尤其对小菜蛾、斑潜蝇、甜菜夜蛾、棉铃虫、飞虱、蚜虫、螟虫、蝗虫、蓟

马、椿象、红蜘蛛、跳甲、果蝇等多种害虫有效，且昆虫（害虫）不易产生抗药性，可长期使用。对人及其他高等动物安全。施用后一周便可降解、无残留。

6．鱼藤酮

是从豆科藤本植物鱼藤的根部提取的一种天然杀虫剂，是鱼藤根中的主要有效杀虫成分，具有杀虫谱广、不污染环境和不易产生耐药性等特点,近年来被作为一种大力发展的新型的低毒农药。对昆虫有触杀和胃毒作用。杀虫力强，能杀死蚜虫、菜螟虫、红蜘蛛、菜青虫等。可广泛用于蔬菜、果树、茶叶、棉花、草地及其他农作物，对森林、花卉害虫也有非常好的防治效果。

其他还有烟百素、皂素烟碱等。

第四节　物理防治

一、利用害虫的趋光性

果园中设置黑光灯或杀虫灯，可诱杀多种果树害虫，降低为害程度。

二、利用害虫的趋化性

比如可配糖醋液（糖6份、醋3份、酒1份、水10份），诱杀梨小食心虫。

三、利用害虫的假死性

利用金龟子、梨象鼻虫等的假死性，清晨或傍晚摇动树干，将其捕杀。

使用杀虫灯防治果园害虫

糖醋液配合性诱芯诱杀梨小食心虫

橘小实蝇诱捕器诱杀橘小实蝇

四、利用掩蔽物诱集

利用害虫（如山楂叶螨、梨小食心虫、梨星毛虫等）在树皮裂缝中越冬的习性，树干上束草、废报纸等，诱集害虫越冬，翌年害虫出蛰前集中消灭。

诱虫带

五、冬季树干涂白

可防日烧、冻裂，减少枝干病害的发生，也可阻止芳香木蠹蛾、天牛等害虫产卵为害。涂白剂的配方为：生石灰10千克，硫磺粉0.5千克，食盐0.2千克，水30～40千克。

树干涂白

六、果实套袋

果实套袋可阻隔病菌对果实的侵染并可以减少梨小等食心虫类以及蜡象等害虫的为害。

果实套袋

第三章 梨园病害生物防治

一、梨黑星病

1. 症状

梨黑星病能为害梨树的所有绿色组织，包括芽鳞、花序、叶片、果实、果柄、新梢等。受害处先着生黄色斑，逐渐扩大后在病斑叶背面生出黑色霉层。果实受害处出现淡黄色圆形病斑，表面密生黑色霉层。随着果实长大，病斑逐渐凹陷、龟裂。春季病芽梢的基部四周产生黑霉，鳞片松散，经久不落，顶端叶片发红。

2. 侵染及发病规律

梨黑星病以菌丝和分生孢子在病组织中越冬，也可以菌丝团或子囊壳在落叶中过冬。梨黑星病的发生及流行与降雨次数和降雨量有密切关系，温度也有一定影响。连绵细雨或空气湿度过大，对于黑星病的发生极为有利。梨树种和品种间抗病

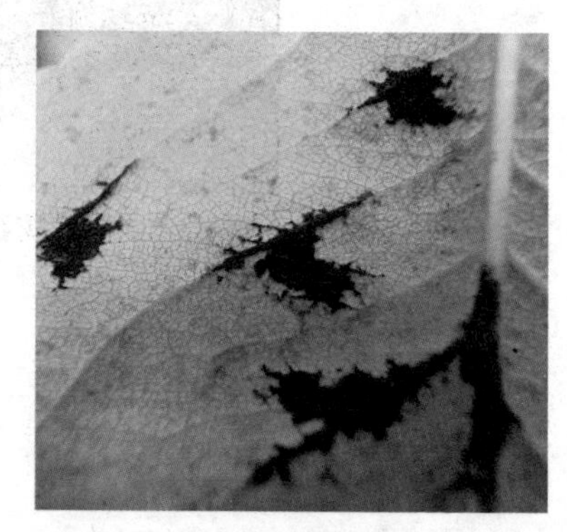

梨黑星病为害叶片

性能差异很大，通常中国梨最易感病，日本梨次之，西洋梨较抗病。

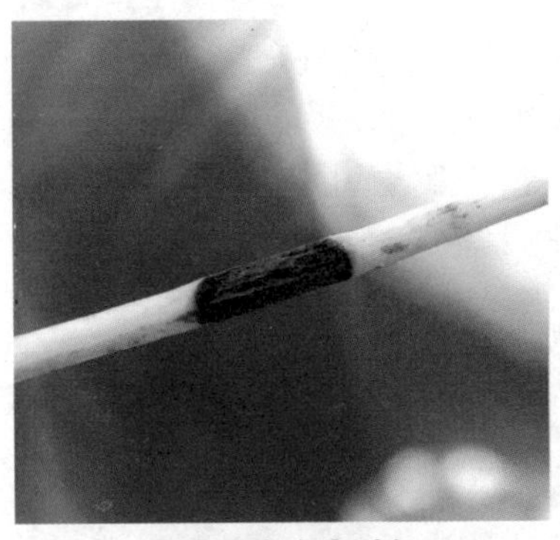

梨黑星病为害叶柄

梨黑星病为害果实

3. 防治措施

（1）果实采收后清扫落叶，结合冬季修剪剪除病梢，集中烧毁或深埋，减少病菌越冬基数。（2）萌芽期喷5度石硫合剂。（3）病芽梢初现期，及时、彻底剪除病芽梢，可有效控制病菌扩大蔓延，减少再侵染。（4）生长季喷三安植物保护菌剂防治。

二、梨轮纹病

轮纹病为害果实

轮纹病为害枝干

1. 症状

梨轮纹病是梨树主要病害之一，该病主要为害枝干及果实，叶片很少受害。枝干上发病多以皮孔为中心，产生褐色病斑，略突起，逐渐扩大为暗褐色，病斑近圆形至长椭圆形，直径约5～15毫米。后期病斑周缘开裂，第二年病瘤上产生黑色小突起（病菌的分生孢子器）。果实染病后以皮孔为中心，初期发生水浸状褐色圆斑，逐渐扩大并有同心轮纹，病斑不凹陷，呈软腐状。后期病部产生小黑点（病菌的分生孢子器）。病果很快腐烂，流出茶色汁液，但仍保持果形不变，失水干缩后变成僵果。

2. 侵染及发病规律

此病以菌丝体和分生孢子器在病残组织中越冬，4～6月间形成分生孢子，7～8月间分生孢子大量散发，借风雨传播，从皮孔及虫伤口侵入枝干及果实，病菌自幼果期至采收期均可侵入，至果实迅速膨大和糖分转化期开始发病。干旱年份发病较少，温暖多雨年份发病严重。果园管理粗放，肥水不足，树势衰弱，易感染此病。不同种群抗性差异较大，白梨系统较抗病，西洋梨抗该病能力最差。

3. 防治措施

（1）刮病皮消除菌源。轮纹病在果实上的初侵染源主要来自枝干上的病疤。在春季芽萌发前刮除病皮，而后涂抹药剂如腐必清2～3倍液，或12% 843康复剂5～10倍液，或波美5度石硫合剂。（2）生长季5～8月喷三安植物保护菌剂保护果实，每隔10～15天喷药一次。

三、梨腐烂病

1. 症状

主要为害主干、主枝和侧枝。发病初期病部稍肿起，呈水浸状，红褐色至暗褐色，病组织松软，用力挤压时病部下陷，并有褐色汁液流出，病斑失水后干缩，病皮和健皮交界处裂开，病皮表面产生黑色颗粒状小突起（分生孢子器），当树皮潮湿时，从中涌出黄色丝状的孢子角。

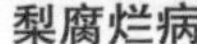

梨腐烂病

梨腐烂病孢子角

2．侵染及发病规律

以分生孢子器或菌丝体及子囊壳在病组织中越冬，树体萌动时活动，春季病斑扩展最快，分生孢子器遇雨产生孢子角，以分生孢子借风雨传播，多从伤口侵入。老弱树发病较重，树势强壮发病则少。病斑夏季扩展缓慢，秋季发病较轻。树干阳面发病多，阴面发病少。主枝分杈处发病多。西洋梨发病多。

3．防治措施

（1）加强栽培管理，增强树势，以提高抗病力。（2）树干涂白防止日灼和冻伤，可减少该病发生。（3）及时刮除病疤，经常检查，发现病疤及时刮除，刮后涂以腐必清2～3倍液，或5%菌毒清水剂30～50倍液，或2.12%843康复剂5～10倍液等。（4）春季发芽前全树喷布5%菌毒清水剂100倍液，或20%农抗120水剂100倍液等。（5）在病疤较大的部位进行桥接或脚接，帮助恢复树势。

四、梨黑斑病

1. 症状

梨黑斑病

主要为害砂梨系果实、叶片和新梢。叶片开始发病时为圆形、黑色斑点，后扩大为圆形或不规则形，中心灰白色，边缘黑褐色，有时微现轮纹。潮湿时病斑遍生黑霉。果实受害初期产生黑色小斑点，后扩大成近圆形或椭圆形。病斑略凹陷，表面遍生黑霉。果实长大后，果面发生龟裂。新梢病斑早期黑色、椭圆形，稍凹陷，后扩大为长椭圆形，凹陷更明显，淡褐色。

2. 侵染及发病规律

病菌以分生孢子及菌丝体在病叶、病果和病梢上越冬，翌年春季病部产生分生孢子，进行初次侵染。该病由表皮、气孔或伤口侵入寄主植物体内，整个生长季均可发病。降雨早、次数多、通风不良、偏施氮肥均有利于该病发生。

3. 防治措施

（1）秋季搞好清园工作，清除病叶，集中烧毁，减少菌源。（2）梨树花芽开绽时喷一次5波美度石硫合剂，压低越冬菌源。生长季在花后喷一次三安植物保护菌剂，以后每隔15天左右施一次药，连续喷3～5次。

五、梨褐斑病

1. 症状

该病仅发生在叶片上，发病初期叶面产生圆形小斑点，边缘清晰，后期斑点中部呈灰

梨褐斑病

白色，病斑中部产生黑色小粒点状突起，造成大量落叶。

2．侵染及发病规律

病菌在落叶上过冬，春季产生分生孢子及子囊孢子，成熟后借风雨传播到梨树叶上进行初次侵染。在生长季，病叶上产生分生孢子行再侵染并蔓延为害。多雨水年份、肥力不足、阴湿地块发病较重。

3．防治措施

（1）秋后清除落叶，集中烧毁或深埋，减少越冬菌源。

（2）雨季到来前喷三安植物保护菌剂1：（50～100）倍发酵液或波尔多液。

六、梨锈病

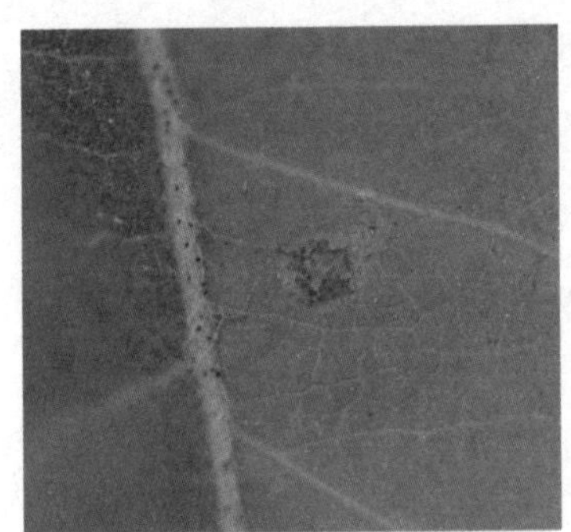

梨锈病初侵染

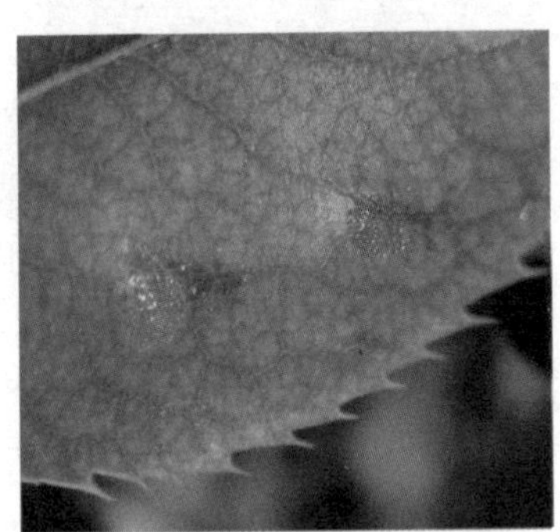

梨锈病初期

梨锈病为害果实

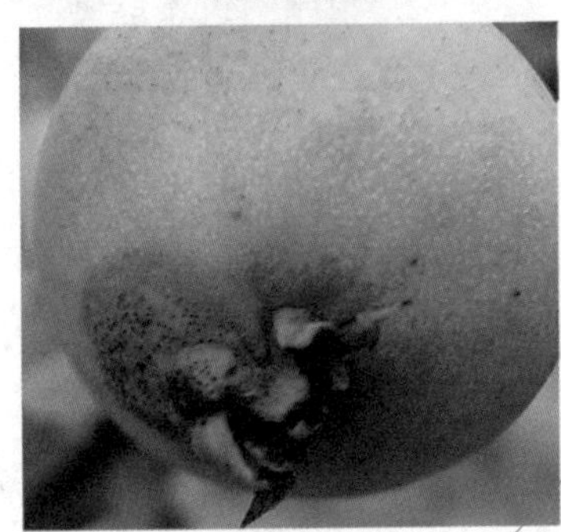

锈孢子器

1．症状

梨锈病又称赤星病，为害叶片、幼果和新梢。发病初期病斑为橙黄色圆形小点，逐渐扩大为直径4～10毫米以上的大斑，略呈圆形。病斑周缘红色，中心黄色，叶正面病斑凹陷，病部增厚，背面稍鼓起，后期病斑正面密生黑色颗粒状小点（即病菌的性孢子器），溢出淡黄色黏液，由大量性孢子组成，最后变成黑色。病斑背面隆起，其上长出黄褐色毛管状物（病菌的锈孢子器），成熟后释放出大量锈孢子。其转主寄主为桧柏，在桧柏上长冬孢子角，干缩时呈褐色舌状，吸水膨大时为半透明的胶质物。

2．侵染及发病规律

该病以多年生菌丝体在桧柏病组织中越冬，早春形成冬孢子堆，4～5月遇雨吸水膨胀，形成胶质冬孢子角，并产生担子孢子。担子孢子随风雨传播，侵染嫩叶、新梢和幼果，萌发后直接由表皮侵入，也可由气孔侵入，6～10天即可产生病斑，并在病斑上产生性孢子器，溢出大量黏液，内含大量性孢子。由昆虫或雨水传到其他性孢子器上，结合形成锈孢子器，产生锈孢子。锈孢子不能再侵染梨，而是借风力传播到桧柏树上越夏、越冬。此病春季多雨、温暖易流行，春季干旱则发病轻。

3．防治措施

（1）清除转主寄主。彻底清除距果园5千米以内的桧柏树。（2）梨园附近不能刨除桧柏时应剪除桧柏上的病瘿。早春喷2～3度石硫合剂或波尔多液160倍液。（3）花后喷三安植物保护菌剂进行预防保护。

七、梨白粉病

1．症状

多在秋季为害老叶。病斑出现于叶片背面，大小不一，近圆形，常扩展到全叶。病斑上产生灰白色粉层，后期在病斑上产生小颗粒，小颗粒起初黄色，以后逐渐转为褐色至黑色。严重时造成落叶。

梨白粉病前期

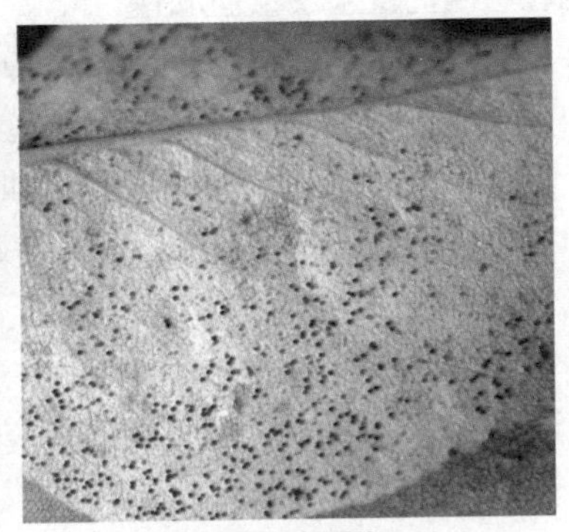
梨白粉病后期

2. 侵染及发病规律

病菌以菌丝在病叶、病枝（芽）内越冬。4月中旬前后分生孢子随风传播，侵入叶背。6月上、中旬病部见菌丝后再次侵染，辗转为害。

3. 防治方法

（1）秋季清扫落叶，消灭越冬菌源。（2）改善栽培管理，多施有机肥，防止偏施氮肥。适当修剪，使树冠通风透光良好。（3）夏季结合其他病害防治，药剂可参考梨锈病。

八、套袋梨黑点病

1. 症状

由弱寄生菌侵染引起的一种新型病害，仅为害套袋果实，由细交链孢菌和粉红单端孢菌真菌侵染所致。黑点病常在果实膨大至近成熟期发生，初期为针尖大小的

套袋梨黑点病

黑色小圆点，中期连接成片甚至形成黑斑，后期黑斑中央灰褐色，木栓化，不同程度龟裂，采摘后黑点或黑斑不扩大，不腐烂。

2. 侵染及发病规律

该病的发生与套袋梨品种的抗病性、气候条件、立地环境和果袋的透气性等因素有关。套袋时所选育果袋的透气性差是发生黑点病根本原因。在花期时，雌蕊最易感染该病菌，进而感染花的其他部位，而套袋又为病菌提供了适宜的温度、湿度，导致该病的大发生。鸭梨、绿宝石、早酥等品种套袋后发病重，黄冠、黄金、大果水晶等品种树冠中部发病最多，垂直分布树冠下部较多。果实套塑膜袋容易发生此病。

3. 防治方法

（1）加强栽培管理，促使树体健壮、树形通风透光、梨园湿度合理。（2）选择防水、隔热和透气性能好的优质梨袋。（3）合理修剪，改善梨园群体和个体光照条件，保证树冠内通风透光良好。（4）规范套袋操作，选择树冠外围的梨果套袋，尽量减少内膛梨果的套袋量。操作时，要使梨袋充分膨胀，避免纸袋紧贴果面。严密封堵袋口，防止病菌侵入。（5）花后喷三安植物保护剂或铜制剂进行防治。

第四章
梨园虫害生物防治

第一节　主要害虫的防治

北京地区梨园主要害虫有梨木虱、梨小食心虫、梨二叉蚜、绣线菊蚜、黄粉蚜、茶翅蝽、梨冠网蝽、康氏粉蚧、梨茎蜂、山楂叶螨、二斑叶螨等。

一、中国梨木虱

越冬成虫春季产的卵

夏型成虫所产的卵

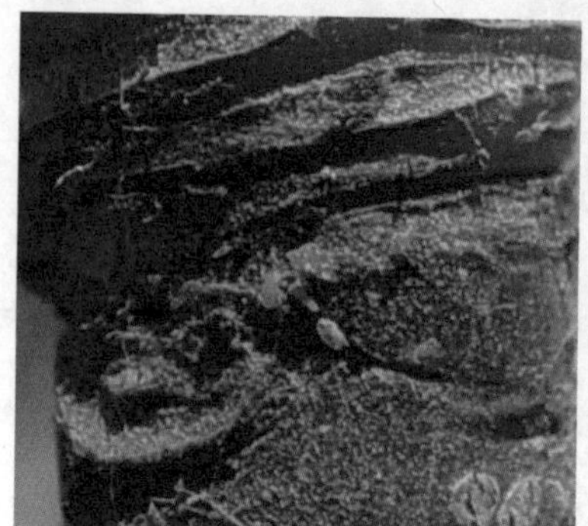
刚刚孵化的梨木虱若虫

梨木虱若虫

即将羽化的老熟若虫

梨木虱若虫羽化

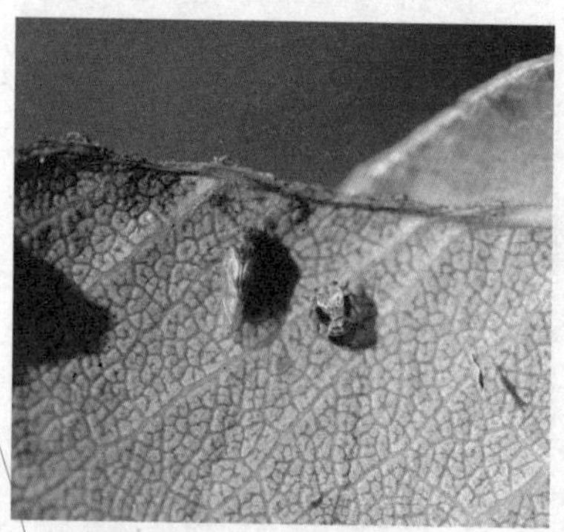
刚完成羽化的越冬成虫

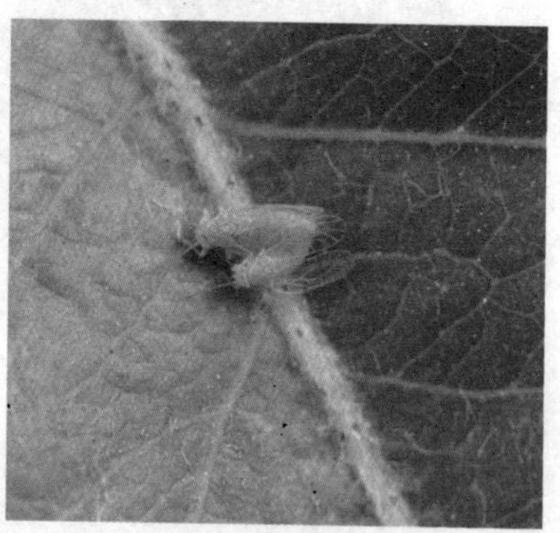
梨木虱夏型成虫

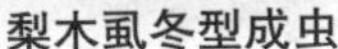
梨木虱冬型成虫

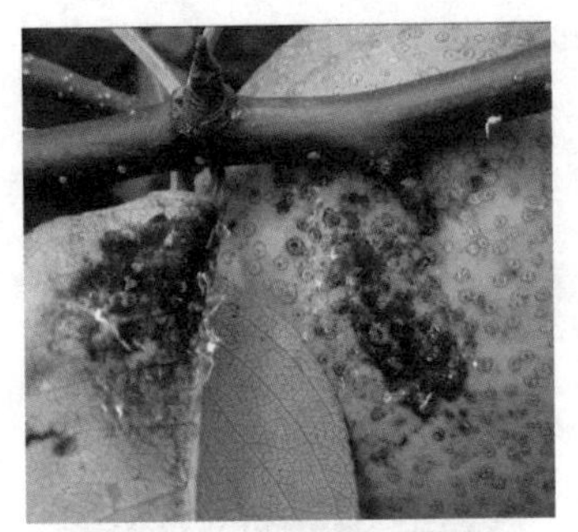
梨木虱为害叶片和果实

1. 发生与为害

梨木虱的成虫、若虫均可为害，以若虫为害为主。若虫多在隐蔽处，并可分泌大量黏液。虫体可浸泡在其分泌的黏液内为害，常使叶片粘在一起或粘在果实上，诱发煤污病，受污染的果面和叶面呈黑色。成虫越冬型为深褐色，夏型为绿色至黄绿色，初孵若虫有两个红色眼点，体扁椭圆形，淡黄色。3 龄以后体扁圆形，绿褐色，翅芽长圆形。

2. 习性及发生规律

梨木虱以成虫在树皮裂缝、落叶、杂草及土壤缝隙内过冬，早春梨花芽萌动时开始出蛰为害，出蛰后先集中到新梢上取食，而后交尾并产卵。此期将卵产在短果枝叶痕和芽基部，以后各代成虫将卵产在幼嫩组织的茸毛内、叶缘锯齿间和叶面主脉沟内或叶背主脉两侧。每年发生代数各地均不相同，北京 3~4 代。若虫有分泌黏液的习性，常将两叶片粘合，若虫潜伏其内群集为害。成虫多在隐蔽处栖息为害。

3. 防治措施

(1) 早春刮树皮、清扫园内残枝、落叶和杂草，消灭越冬成虫。(2) 保护和利用天敌。在天敌发生盛期尽量避免使用广谱性杀虫剂，使寄生蜂、瓢虫、草蛉及捕食螨等发挥最大的控制作用。(3) 在越冬成虫出蛰盛期至产卵前喷波美 3~5 度石硫合剂、人工捕杀等，可大量杀死出蛰成虫。(4) 在落花后第一代幼虫集中发生期喷三安植物保护菌剂杀灭。

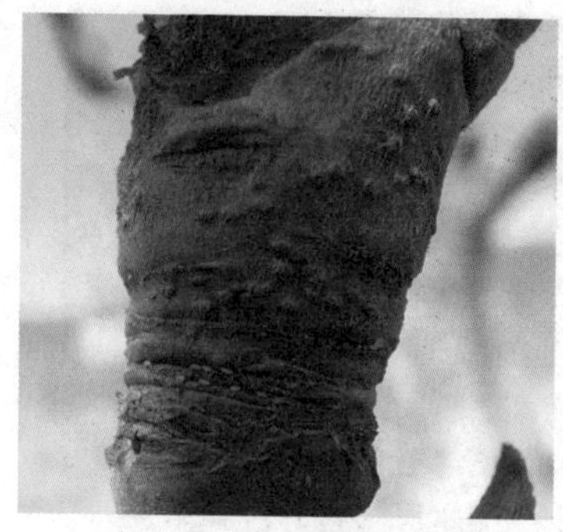

喷施三安植物保护剂前

喷施三安植物保护剂后

三安植物保护剂对梨木虱越冬卵的防治效果

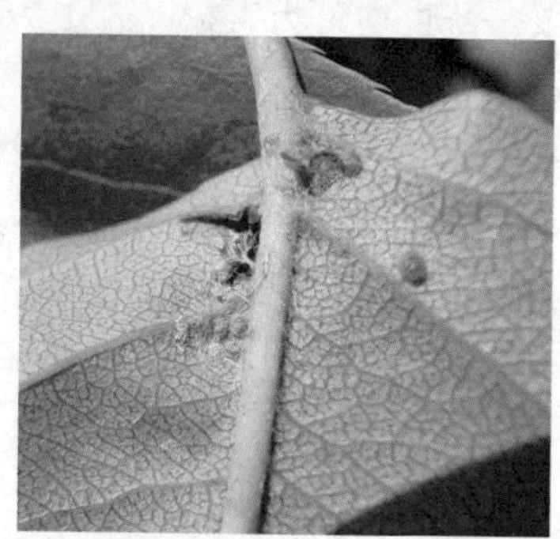

三安植物保护剂杀梨木虱若虫的效果

二、梨小食心虫

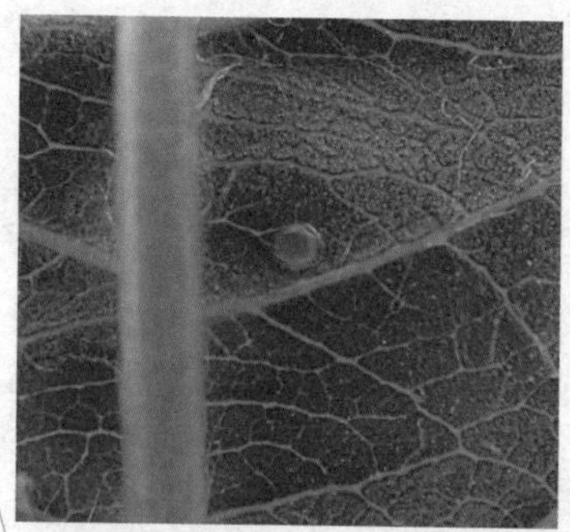

桃叶上的梨小食心虫初期卵

桃叶上的梨小食心虫中期卵

桃叶上的梨小食心虫后期卵

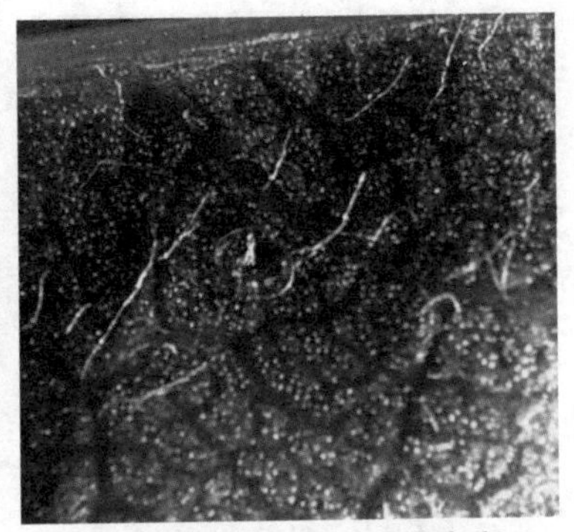
桃叶上的梨小食心虫空壳卵

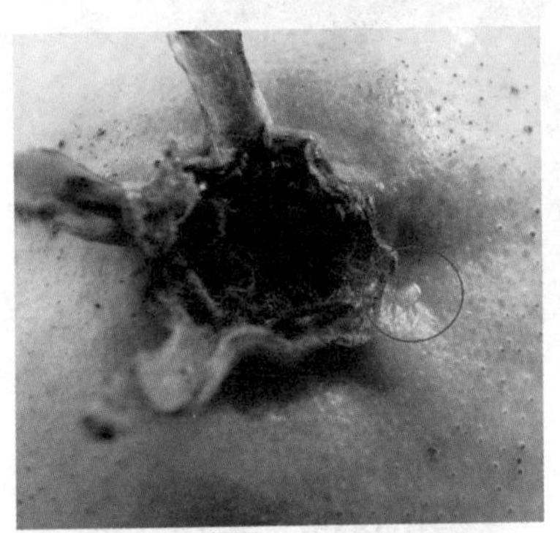
梨幼果上的梨小食心虫初期卵

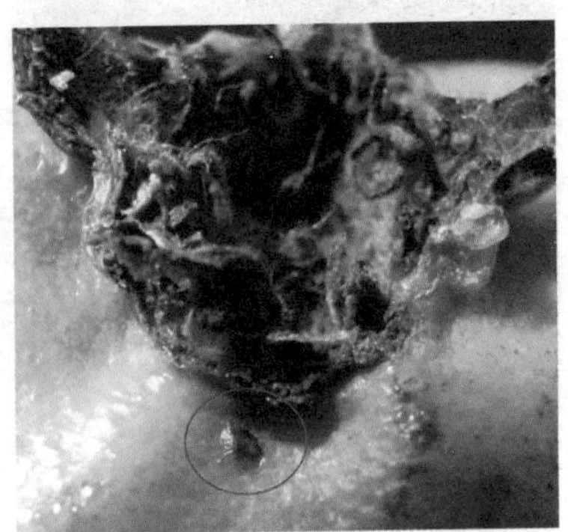
梨幼果上的梨小食心虫后期卵

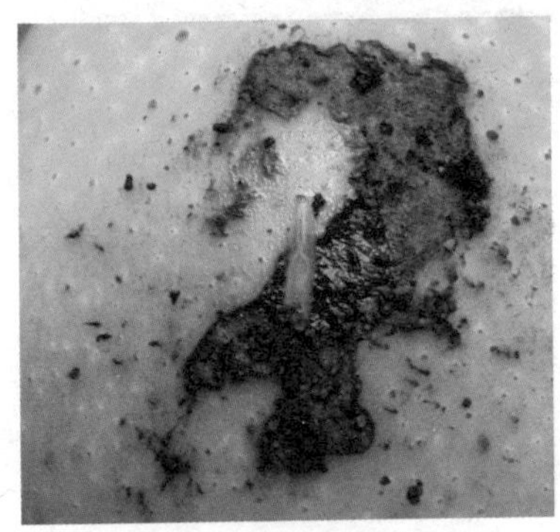
梨小食心虫初孵化幼虫

梨小食心虫食果幼虫

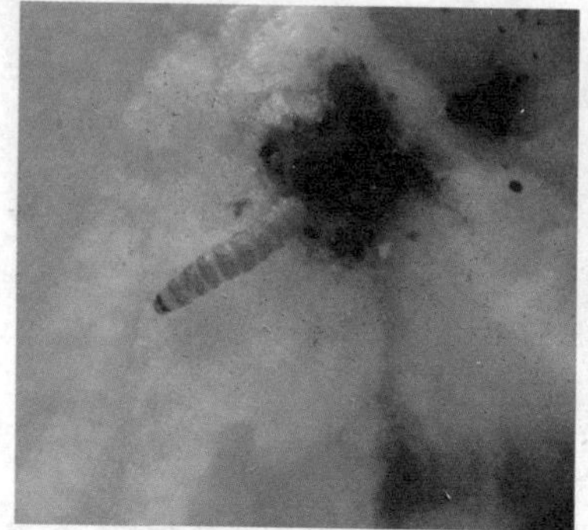
梨小食心虫老龄幼虫

梨小食心虫蛹

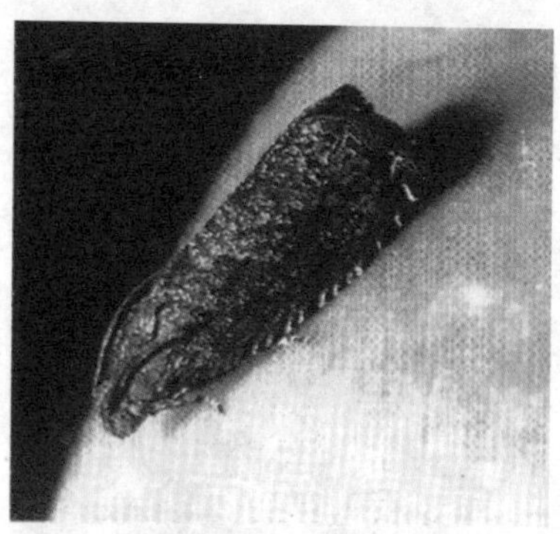
梨小食心虫成虫

梨小食心虫为害桃树新梢

梨小食心虫为害梨树新梢

梨小食心虫为害梨果

1．发生与为害

梨小食心虫，是梨树的主要害虫，为害梨、桃、苹果、杏等多种果树。该虫生长前期为害嫩梢，被害梢蔫萎、枯死，外留有虫粪。幼虫蛀入果实心室内为害，蛀入孔为很小的黑点，稍凹陷。幼虫在果内蛀食多有虫粪自虫孔排出，常使周围腐烂变褐，呈黑膏药状。梨小幼虫为粉红色，幼虫老熟后由果肉脱出，留一较大脱果孔。

2．习性及发生规律

梨小食心虫每年发生3～7代，因地区不同而差异较大。以老熟幼虫在树皮缝内或其他隐蔽场所作一白色长茧越冬，苹果芽开绽期至开花前化蛹，桃抽梢期羽化成虫。在桃新梢上部叶背面产卵，1～2代幼虫为害桃、李新梢，3～4代幼虫为害桃、杏果实，4～5代幼虫为害梨、苹果等果实。雨水多、湿度大的年份，发生量大，为害重；干旱少雨季节，发生量少，为害较轻。

3．防治措施

（1）建园时，应避免梨桃混栽，或近距离种植，减少梨小转移为害。（2）结合清园刮除树上粗裂翘皮，消灭越冬幼虫。（3）前期剪除梨小为害的桃、李梢。（4）用糖醋液（糖5份、醋20份、酒5份、水50份）诱杀成虫。（5）成虫发生期用梨小性诱剂诱杀成虫，每亩挂8～10个诱捕器，7月份以前将其挂在桃园，后期挂在梨园。（6）在三四代成虫羽化盛期和产卵盛期喷三安植物保护剂杀卵防治。

释放赤眼蜂防治梨小食心虫

性诱芯诱杀梨小食心虫成虫

三、梨二叉蚜

梨二叉蚜产卵越冬

秋季返回梨园生殖的有翅蚜

春季发生的梨二叉蚜无翅蚜与蜕皮

梨二叉蚜为害叶片的情况

1. 发生与为害

梨二叉蚜又称梨蚜。在我国梨产区发生普遍，以成虫、幼虫群居于梨芽、叶、嫩梢及茎上吸食汁液，受害叶片向正面纵向卷曲呈筒状，轻者略卷，被为害卷曲的叶片大多不能再伸展开，易脱落，受害严重的叶片提早脱落。虫体为绿色，前翅中脉分二叉，故叫二叉蚜。

2. 习性及发生规律

梨二叉蚜每年发生 20 代左右，以受精卵在芽腋间、旧果台缝隙等处越冬，花芽萌动期孵化为幼虫。初孵幼蚜群集在芽幼嫩组织上取食为害，吐蕾后钻入芽内花蕾上为害，展叶期集中到嫩叶正面为害并繁殖。被害叶片向正面纵卷呈筒状，轻者呈饺子形。落花后开始大量产生有翅蚜，5～6月间转移到茅草、狗尾草等寄主上为害，9～10月产生有翅蚜，由夏寄主迁飞回梨园，繁殖几代后，雌雄交尾产生越冬卵，卵多散产于枝条、果台等各种皱缝处。

3. 防治措施

(1) 早期发生量不大时，人工摘除被害卷叶。(2) 开花前，越冬卵全部孵化而又未造成卷叶时喷药防治，可选药剂有1.2%烟碱苦参碱乳油、清园保和鱼藤酮等，全年用药一次即可控制为害。(3) 保护利用天敌，主要有瓢虫、食蚜蝇、蚜茧蜂、草蛉等，当虫口密度很低时，不需要喷药。

四、绣线菊蚜

绣线菊蚜孤雌生殖

有翅蚜胎生

绣线菊蚜为害梨新梢的情况

1. 发生与为害

以成蚜和若蚜群集刺吸新梢、嫩芽和叶片汁液。被害叶尖向背弯曲或横卷，严重时引起早期落叶和树势衰弱。新梢受害，生长被抑制。

2. 习性及发生规律

1 年发生 10 余代，以卵在枝条芽缝或裂皮缝隙内越冬。6~7 月间繁殖最快，也是为害盛期。

3. 防治措施

参考梨二叉蚜。

三安植物保护剂对绣线菊蚜的防治效果

五、梨黄粉蚜

黄粉蚜越冬虫卵

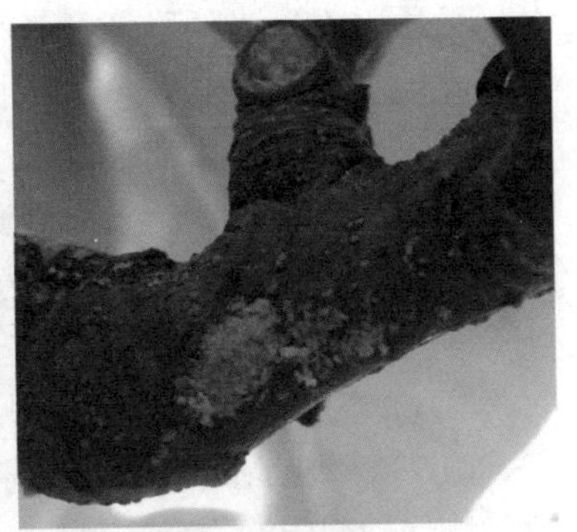
梨黄粉蚜及卵块

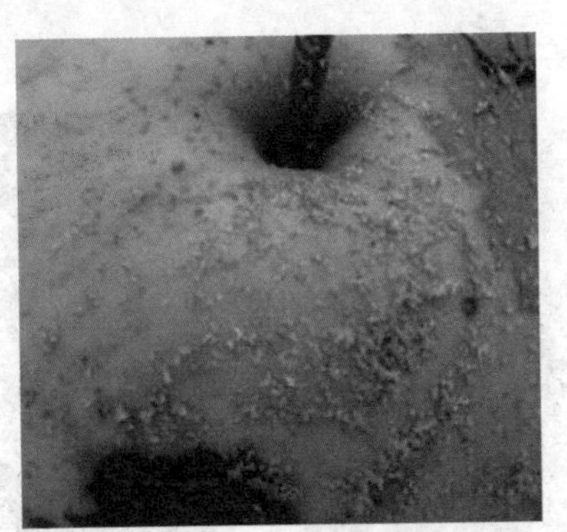
黄粉蚜为害梨套袋果实

1．发生与为害

梨黄粉蚜又叫黄粉虫，在我国北方梨产区发生普遍，主要为害梨树果实、枝干和果台枝等，叶很少受害，以成虫、若虫为害，梨果受害处产生黄斑并稍下陷，黄斑周缘产生褐色晕圈，最后变为褐色斑，造成果实腐烂。梨黄粉蚜喜在果实萼洼处为害，成虫、卵常堆集一处，似黄色粉末，故而叫“黄粉虫”。果实受害严重时自萼洼处褐变腐烂。

2. 习性及发生规律

每年发生8～10代，以卵在果台、树皮裂缝、翘皮下越冬。此虫多在避光的隐蔽处为害，成虫发育成熟后即产卵，卵往往在虫身体周围堆集，将成虫覆盖。卵期5～6天，孵化后幼虫爬行扩散，转至果实上为害。实行果实套袋的果园，袋内果实很易发生黄粉虫，因袋内避光，加之有潮湿环境，幼虫从果柄上的袋口处潜入，则很难用药剂防治，易造成为害。

3. 防治措施

（1）冬、春季刮树皮和翘皮消灭越冬卵，也可于梨树萌动前，喷99％机油乳剂100倍液杀灭越冬卵。(2) 转果为害期喷三安植物保护剂防治。

六、梨茎蜂

梨茎蜂折梢产卵

梨茎蜂幼虫为害新梢的情况

梨茎蜂幼虫

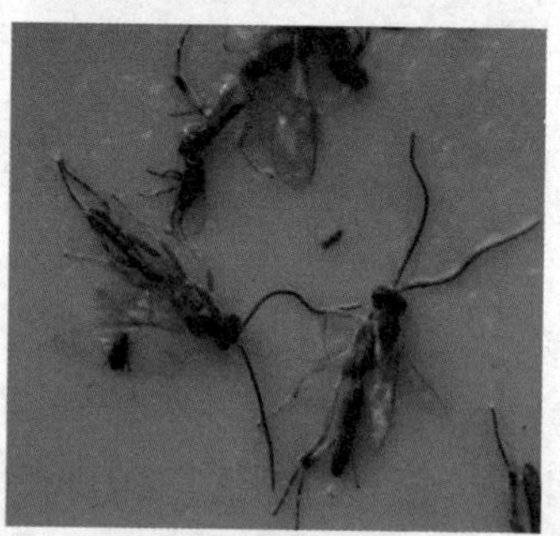
梨茎蜂成虫

1．发生与为害

梨茎蜂俗称折梢虫，是为害梨新梢的重要害虫。成虫产卵于嫩梢并将嫩梢从4～5片叶处锯伤，并将伤口下3～4片叶切去（仅留叶柄），被害新梢萎蔫脱落。

2．习性及发生规律

一年发生1代，以老熟幼虫在被害枝内越冬。梨树开花时成虫开始羽化。成虫羽化后先在枝内停留3～6天，咬一圆形孔钻出。晴天中午前后较活跃，大多在梨树枝梢间飞翔。新梢5～6厘米长时产卵，发生期很整齐。成虫发生期约10～15天，产卵于新梢上，自产卵处向尖端1.5～6毫米处将新梢及叶柄锯断，梢端凋萎脱落。幼虫孵化后向下蛀食幼嫩木质部，留下皮层，虫粪排泄在虫道内，被害部分逐渐干枯、抽缩，呈黑褐色干橛，脆而易断。幼虫8月下旬在二年生枝部位老熟做茧，开始休眠，直至越冬。

3．防治措施

（1）冬剪时剪除被害枝集中销毁。生长季及时剪除被害枯萎嫩梢。（2）成虫发生期挂黄色粘虫板诱杀。梨树开花前，将黄色粘虫板均匀分散悬挂于梨园中，固定在距地面1.5～2.0米高的2～3年生枝条上。梨园树龄20年生以下，一般每亩悬挂8～10块。树龄20年生以上的梨园，每亩悬挂15～20块。

利用黄色粘虫板防治梨茎蜂

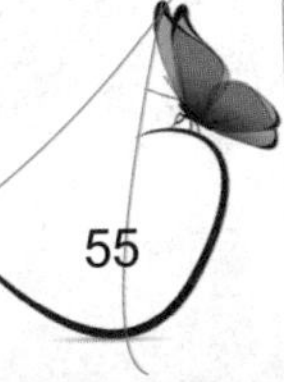

七、蝽类

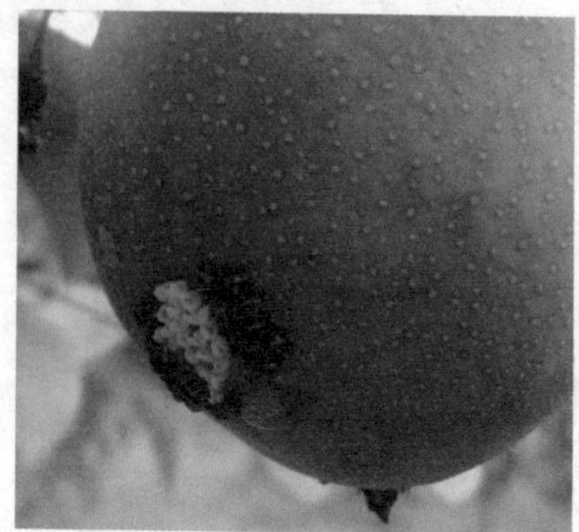
果实上初孵化的茶翅蝽若虫

叶片上新孵化的茶翅蝽幼虫

珀蝽成虫

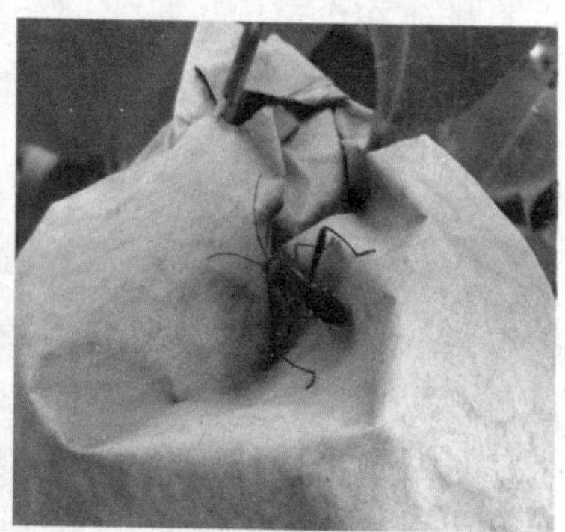
点蜂缘蝽

绿盲蝽成虫

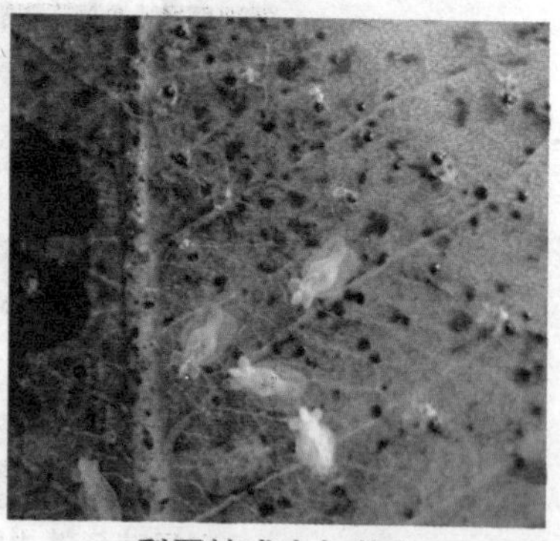
梨网蝽成虫与若虫

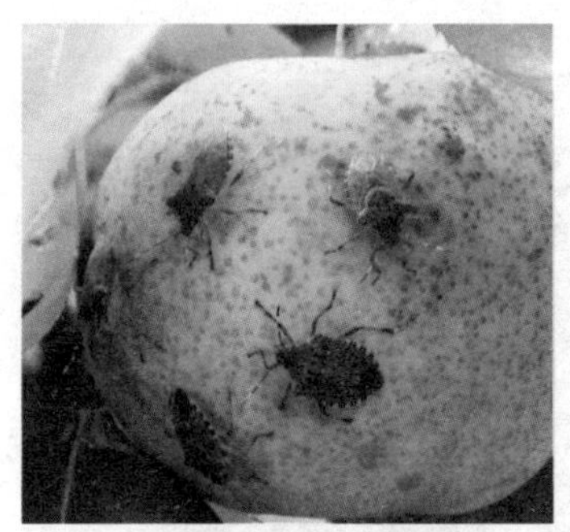
麻皮蝽成虫为害梨果

茶翅蝽叮食后形成的疙瘩梨

1. 发生与为害

为害梨树的蝽类主要有茶翅蝽、麻皮蝽、珀蝽、梨网蝽、绿盲蝽等。茶翅蝽、珀蝽、绿盲蝽以成虫、若虫为害叶片、嫩梢和果实，叶和梢被害后表现不突出，果实被害后果肉木栓化，变硬变苦，造成果面凸凹不平，严重时变成疙瘩梨和畸形果。梨网蝽以成虫和若虫在叶背主脉两侧中央部刺吸汁液，后遍及全叶，被害叶片形成灰白色失绿斑点，叶背面有深褐色排泄物。严重受害时叶片变褐色，容易脱落。

2. 防治措施

(1) 人工捕杀越冬场所成虫，剪除田间卵块和幼龄若虫。(2) 实行套袋栽培，自幼果期即开始套袋，防止茶翅蝽等为害。(3) 越冬成虫出蛰至1代若虫发生期及时喷1.2%烟碱·苦参碱乳油1000倍液防治。(4) 在卵期喷三安植物保护菌剂杀卵防治。

三安植物保护剂杀灭蝽类虫卵的效果

八、山楂叶螨

生长季节的山楂叶螨

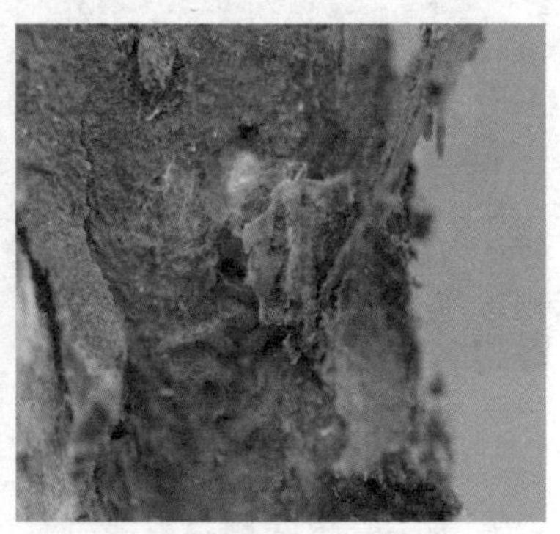
树皮下越冬的山楂叶螨

1. 发生与为害

又叫山楂红蜘蛛，在我国各梨产区均有发生，为害寄主有苹果、梨、桃、李、杏、山楂等多种果树，叶片受害后叶面出现许多细小失绿斑点，严重时全叶焦枯变褐，叶片变硬变脆，引起早期落叶。

2. 习性及发生规律

我国北方梨区一年发生6~9代。以受精后的雌成螨在树皮缝内及树干周围的土壤缝隙中潜伏越冬，当花芽膨大时出蛰活动，梨落花期为出蛰盛期，是防治的关键时期。展叶后转到叶片上为害，并产卵繁殖。每年7~8月份发生量最大，为害也最严重。山楂红蜘蛛一般喜在叶背面为害，并有拉丝结网习性，卵多产在叶背面的丝网上。高温干旱的天气适合其繁殖发育。

3. 防治措施

（1）9月中下旬在树干上绑草把或瓦楞纸诱虫带诱集越冬雌虫；早春雌虫出蛰以前，刮除树干及大主枝上的老树皮和翘皮并集中烧毁，消灭越冬成螨。(2) 保护利用天敌。(3) 抓越冬成螨出蛰盛期和第一代卵孵化盛期喷药防治，可选择药剂有50％硫悬浮剂200倍液及0.5度波美石硫合剂。梨树生长季喷三安植物保护剂对山楂叶螨有非常好的防治效果。

九、二斑叶螨

二斑叶螨

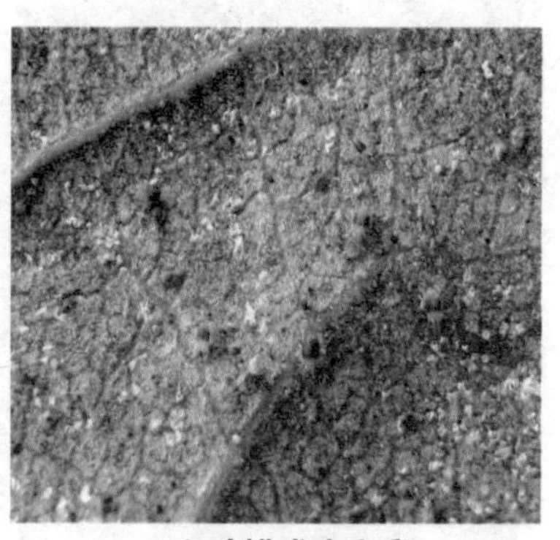
二斑叶螨成虫和卵

1. 发生与为害

二斑叶螨俗称白蜘蛛，主要寄主除苹果、梨、桃等果树外，还有国槐、毛白杨等绿化树种及牵牛花、独行花等杂草。二斑叶螨主要在梨树叶背面取食为害，幼、若、成螨均能刺吸叶片、芽。受害叶片早期沿叶脉附近出现许多失绿斑痕，严重者变为褐色，树上树下一片枯焦。常会造成大量落叶及二次开花现象，严重削弱树势，影响当年产量和花芽形成。

2. 习性及发生规律

华北地区每年一般发生 8～12 代，以橙黄色越冬雌成螨在枝干老翘皮内、根际土壤及落叶、杂草下群集越冬。翌年春平均气温达 10℃ 左右时，越冬雌成螨开始出蛰，首先在树下杂草和根蘖嫩叶上取食、繁殖，随后上树为害。6 月中下旬开始向全树冠扩散，7 月下旬至整个 8 月份是全年为害高峰期，当气温下降到 11℃ 时出现越冬雌成螨，陆续寻找越冬场所。

3. 防治措施

参考山楂叶螨的防治。

十、康氏粉蚧

上树幼虫

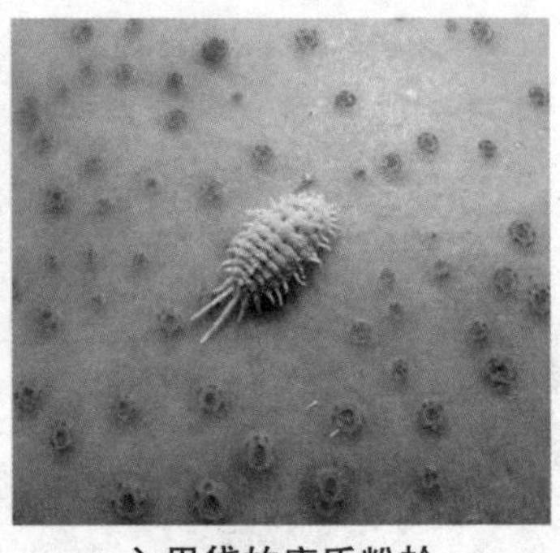
入果袋的康氏粉蚧

对果实的为害状况

1. 发生与为害

以雌成虫、若虫刺吸幼芽、叶、果实、枝干和根的汁液，造成根和嫩枝受害处肿胀，树皮纵裂而枯死，果实成畸形果。

2. 习性及发生规律

河南、河北1年发生3代，吉林延边2代，以卵在树体各种缝隙及树干基部附件土石缝处越冬。梨发芽时，越冬卵孵化为若虫，爬到枝叶等幼嫩部分为害。第一代、第二代、第三代若虫盛发期分别为5月中下旬、7月中下旬、8月下旬。

3. 防治措施

（1）冬春季刮皮或用硬毛刷子刷除越冬卵，集中烧毁或深埋。（2）在梨花芽萌动期，喷5波美度石硫合剂，杀死越冬卵（3）在若虫孵化抓住一代若虫孵化盛期（五月中下旬）及时喷三安植物保护剂等药剂防治。（4）套袋时注意扎紧袋口。

第二节　次要害虫的防治

北京地区梨园次要害虫有梨实蜂、桃蛀螟、刺蛾类、尺蠖、卷叶蛾、金龟子、梨星毛虫、蜗牛等。

一、梨实蜂

梨实蜂成虫

梨实蜂幼虫

1. 发生与为害

梨实蜂又称白钻眼，以幼虫为害梨果。成虫产卵于花萼组织内，被害花萼上稍鼓起一小黑点，苍蝇粪便相似。卵孵化后幼虫在原处为害，出现较大的近圆形斑。以后幼虫蛀入果心为害，虫果上有一大虫孔，被害幼果干枯、变黑脱落。脱落前幼虫即转害其他幼果。

2. 习性及发生规律

一年发生 1 代，以老熟幼虫在土中做茧越冬，早春化蛹，蛹期约 7 天。梨花序分离期为成虫羽化盛期。成虫羽化出土期

约半个月，成虫出土后先到杏、李、樱桃等花上取食花露，梨花将开时转至梨花上进行交尾、产卵。梨花盛开期是梨实蜂产卵盛期，卵期5～6天。孵化后先在萼筒内取食，被害萼筒变黑，萼筒将脱落时即钻入果内为害。有转果为害习性，一般一头幼虫转移为害2～4个幼果。幼虫在果内为害约15～20天，老熟后由原蛀孔脱出，落地入土作茧，幼虫在茧内越夏和越冬。

3. 防治措施

（1）成虫发生期利用其假死性，早晚振落成虫，集中捕杀。成虫产卵期和幼虫为害初期及时摘除虫果，消灭其中虫卵和幼虫。（2）梨开花前，成虫大量转移到梨上产卵时，及时喷三安植物保护菌剂杀卵防治。

二、桃蛀螟

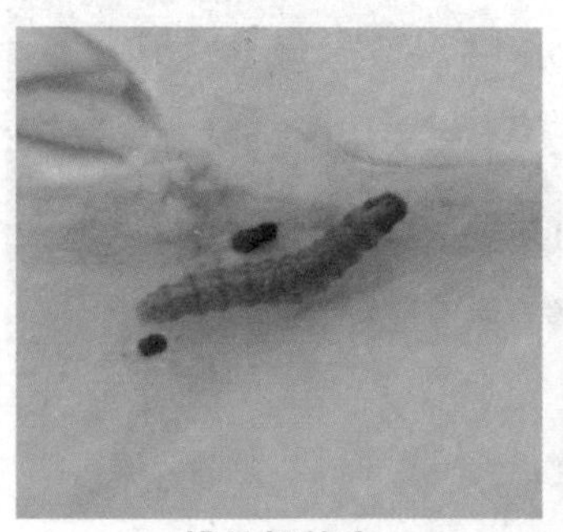

桃蛀螟幼虫

桃蛀螟成虫

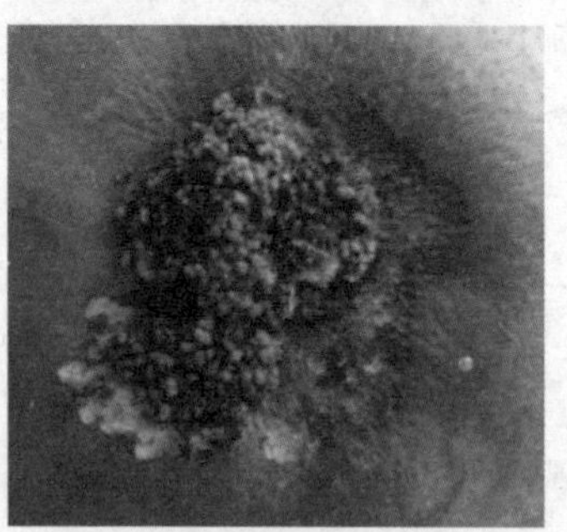

桃蛀螟为害状

1．发生与为害

又名桃野螟、桃蠹螟等，以幼虫为害桃、梨、苹果等果树的果实。幼虫孵出后，多从萼洼蛀入，蛀孔外堆集黄褐色透明胶质及虫粪，受害果实常变色脱落。

2．习性及发生规律

辽宁、河北梨区，1年发生1代。均以老熟幼虫在树枝、干、根颈部粗皮裂缝里和锯口边缘翘皮内结茧越冬。在辽宁梨区翌年5月中下旬开始化蛹，越冬代成虫发生期为6月中下旬，第一代成虫发生期在7月下旬至8月上旬。

3．防治措施

（1）冬、春季清除玉米、高粱等遗株，摘除虫果，还可以利用黑光灯、性诱芯、糖醋液诱杀成虫。(2)果实套袋保护。（3）药剂防治。抓住第一代幼虫初孵期（5月下旬）及第二代幼虫初孵期（7月中旬）用三安植物保护剂防治。

三、刺蛾类

为害梨树的刺蛾主要有黄刺蛾、棕边绿刺蛾、双齿绿刺蛾、扁刺蛾、褐刺蛾等。

双齿绿刺蛾幼虫

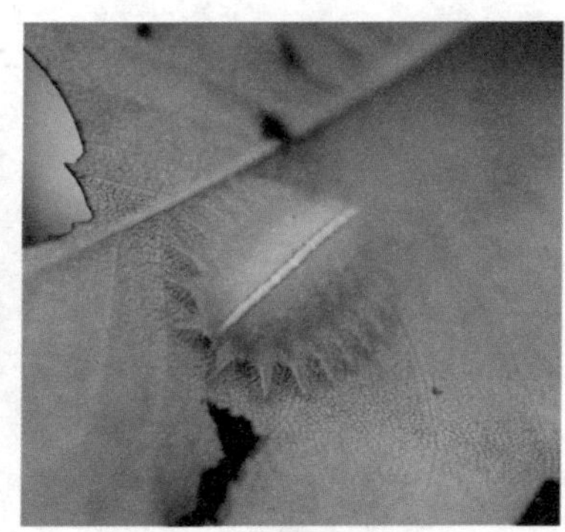

扁刺蛾幼虫

黄刺蛾

黄刺蛾蛹

1. 为害情况

几种刺蛾为害相似，均以幼虫为害叶片。低龄幼虫啃食叶肉，仅留表皮，被害叶呈网状，幼虫长大后将叶片吃成缺刻，严重时仅残留叶柄及主脉，对树势影响很大。

2. 防治方法

(1) 7～8 月间和冬季结合修剪，彻底清除、敲破或刺破越冬虫茧。利用成虫趋光性，在成虫盛发期用杀虫灯诱杀。夏季幼虫群集为害时，摘除虫叶，人工捕杀幼虫。(2) 幼虫发生初期用三安植物保护剂、1.2%烟碱·苦参碱乳油等药剂防治。

防治前

防治后

三安植物保护剂防治刺蛾的效果

四、尺蠖

梨尺蠖

桑褶翅尺蠖

为害梨树的尺蠖主要有梨尺蠖、桑褶翅尺蠖等。

1．发生与为害

主要以幼虫为害梨树叶片，还可为害芽、花和幼果。叶片受害后，先出现孔洞和缺刻，随着幼虫食量增大，出现大的缺刻，甚至将叶片吃光，仅留叶脉或叶柄。花器受害，形成孔洞。

2．防治方法

（1）成虫羽化期，在树干基部堆细沙土，拍打光滑，或在树干基部绑塑料布，可阻止梨尺蠖雌虫上树产卵。（2）利用幼虫受振动吐丝下垂的特性，振树捕杀幼虫。（3）灯光诱蛾。在成虫盛发高峰期，每 20 亩左右梨园装 1 支 40 瓦黑光灯诱捕成虫。（4）在一至二龄幼虫发生期喷布三安植物保护剂进行防治。

五、卷叶蛾

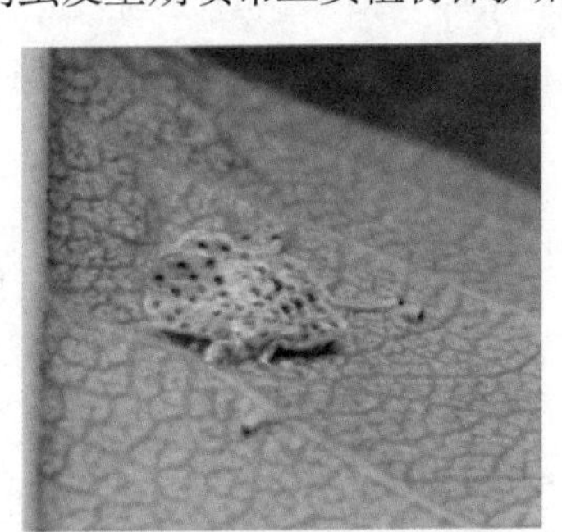
卷叶蛾卵和刚孵化的幼虫

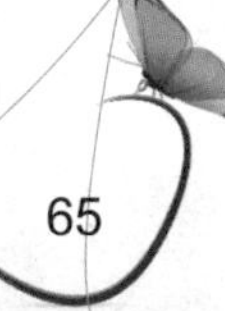

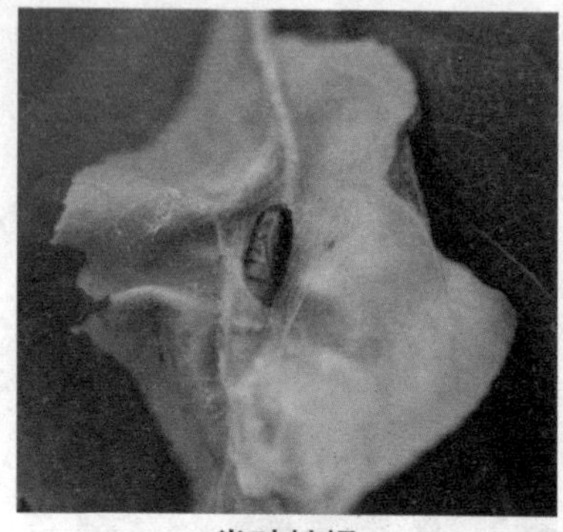
卷叶蛾蛹

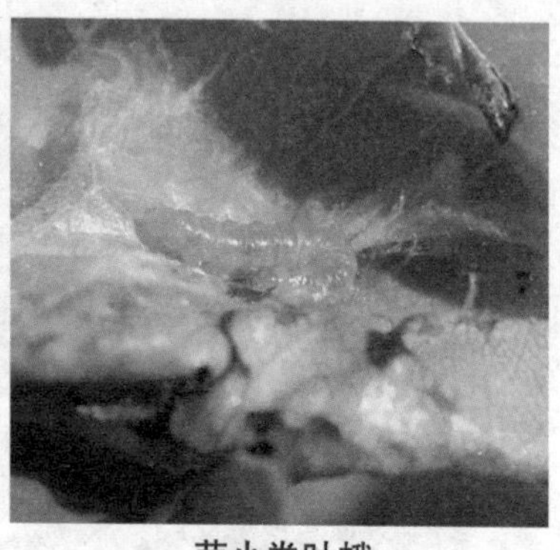
苹小卷叶蛾

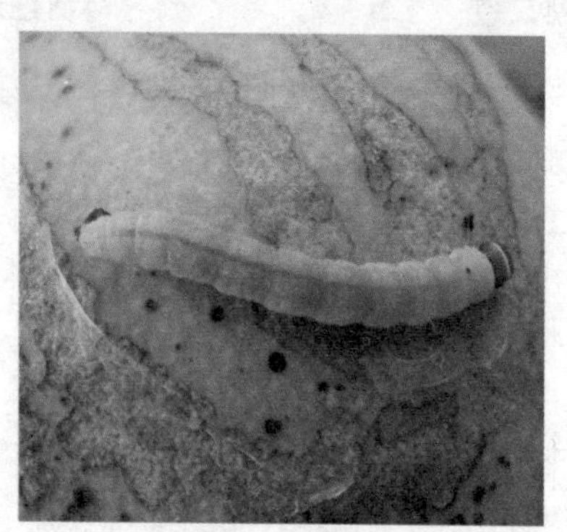
褐带长卷叶蛾

1．发生与为害

主要有苹小卷叶蛾、褐带长卷叶蛾等，为害梨树的花、叶片和果实。如叶片与果实贴近，则将叶片缀粘于果面，并啃食果皮和果肉，被害果面呈不规则的片状凹陷伤疤，受害部周围常呈木栓化。

2．防治方法

（1）及时修剪病虫枝叶，剔除有虫包裹的卷叶及被害花、幼果，拾捡落果并烧毁。（2）用糖醋液或苹小卷叶蛾性信息素诱捕器进行诱杀（3）对虫口密度大的果园，重点抓好越冬幼虫出蛰期和第一代幼虫发生期，用三安植物保护剂等药剂防治。

六、金龟子

苹毛丽金龟

黑绒金龟子

白星金龟子

四斑丽金龟

主要有白星金龟子、苹毛金龟子、铜绿金龟子等。

1. 为害情况

梨树萌芽、展叶期，成虫开始出土为害，啃食芽、花蕾、叶片和果实，成虫有趋光性和假死习性，幼虫主要在土壤中为害幼根。

2. 防治方法

(1) 利用成虫趋光性，设置黑光灯或频振式杀虫灯在夜间诱杀，也可利用其假死性，在清晨或傍晚振动树枝捕杀成虫。

也可用瓶装烂果，并稍加点蜂蜜或醋，在枝干悬挂，诱集杀灭。(2) 及时清理烂果。(3) 用三安植物保护剂等药剂防治。

七、梨星毛虫

梨星毛虫幼虫及为害状

1. 发生与为害

又叫裹叶虫、饺子虫等，为害梨、苹果、桃等多种果树，各梨产区均有分布，常发生于管理粗放的果园。以幼虫蛀食花芽、花蕾和嫩叶。花芽被蛀食，芽内花蕾、芽基组织被蛀空，花不能开放，被害处常有黄褐色黏液，并有褐色伤口或孔洞以及褐色幼虫。展叶期幼虫吐丝将叶片纵卷成饺子状，幼虫居内为害，啃食叶肉，残留叶脉呈网状。

2. 习性及发生规律

星毛虫在北方多发生 1 代，河南、陕西关中地区一年发生 2 代，各地均以 2 龄幼虫在树干、主枝的粗皮裂缝内越冬。梨花芽膨大期开始活动，开绽期钻入花芽内蛀食花蕾或芽基。吐蕾期蛀食花蕾，展叶期则卷叶为害。一头幼虫可为害 7~8 片叶，严重时全树叶片被吃光。幼果期幼虫在最后一片包叶内结茧化蛹，蛹期约 10 天。6 月中旬出现成虫，傍晚活动，交尾产卵，卵期约 1 周。6 月下旬出现当年第一代幼虫，群居叶背，取食叶肉，留上表皮呈透明状，但不卷叶，叶呈筛网状。幼虫取食10～15天，即转移到树干粗皮裂缝下休眠越冬。

3. 防治措施

（1）刮树皮消灭越冬幼虫，发生轻的可摘除虫叶。（2）花芽膨大期越冬幼虫大量出蛰时，喷施三安植物保护剂、1.2％烟碱·苦参碱乳油等药剂防治。

八、蜗牛

条华蜗牛

灰巴蜗牛

蜗牛为害果实

1. 为害与习性

蜗牛以幼体、成体食害叶片或幼嫩组织和幼苗。初孵幼体取食叶肉，留一层表皮，稍大后把叶片吃成缺刻或孔洞。蜗牛喜欢生活于温暖潮湿的灌木丛、草丛、田埂上、乱石堆里、枯枝落叶下、作物根际土块、土缝等潮湿环境中，常在多雨季节形成为害高峰。多在4～5月间交配产卵，卵圆形，白色，大多产在根际疏松湿润的土中、缝隙中、枯叶或石块下。蜗牛多在晴天傍晚至清晨活动取食。主要在土壤耕作层内越冬或越夏，亦可在土缝，或较隐蔽的场所越冬或越夏。

2. 防治措施

防治蜗牛比较简便的方法是：在雨季蜗牛大量发生前，在树干上缠胶带，胶带上涂抹掺入食盐的粘虫胶，蜗牛爬经时身体沾上食盐即会死亡，因而不能上树为害。此外，梨园放鸭、放鸡也是防治蜗牛的好方法。

树干缠胶带涂抹含盐粘虫胶防治蜗牛

第三节　其他害虫

北京地区为害梨树的其他害虫还有金缘吉丁虫、皮暗斑螟、梨粉蚜等。在正常生产管理条件下，这些害虫一般为零星发生。防治时可在增强树势的基础上，人工捕捉，及时清除虫果、虫枝，充分发挥天敌对害虫的控制作用，必要时点片喷施生物菌剂或植物源、矿物源、动物源农药，将害虫为害降低到允许的经济阈值以下。

金缘吉丁虫成虫羽化孔

金缘吉丁虫成虫

皮暗斑螟为害状

皮暗斑螟幼虫

梨粉蚜为害状

卷叶中的梨粉蚜幼蚜

草履蚧

旋纹叶蛾为害叶片症状

梨虎象

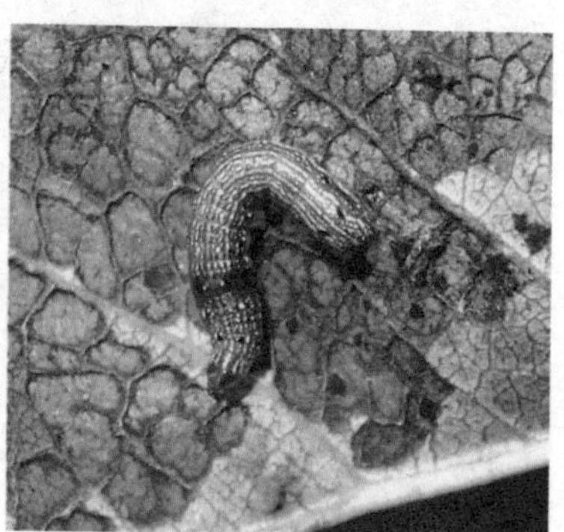
斜纹夜蛾

梨剑纹夜蛾幼虫

桃剑纹夜蛾幼虫

蝉类

蚱蝉

蝉卵

大青叶蝉

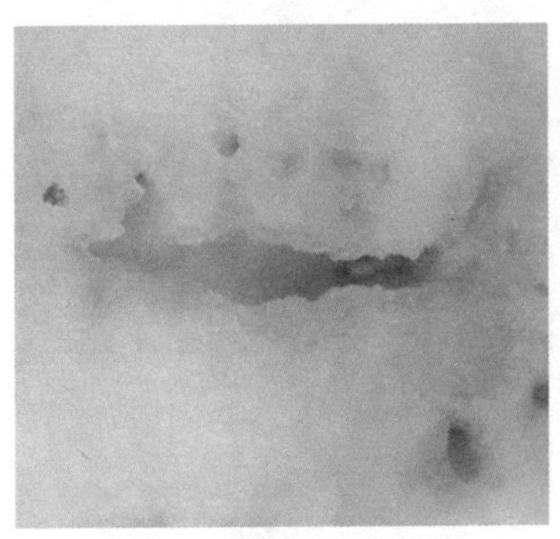
橘小实蝇幼虫为害梨果

橘小实蝇

古毒蛾幼虫

美国白蛾为害状

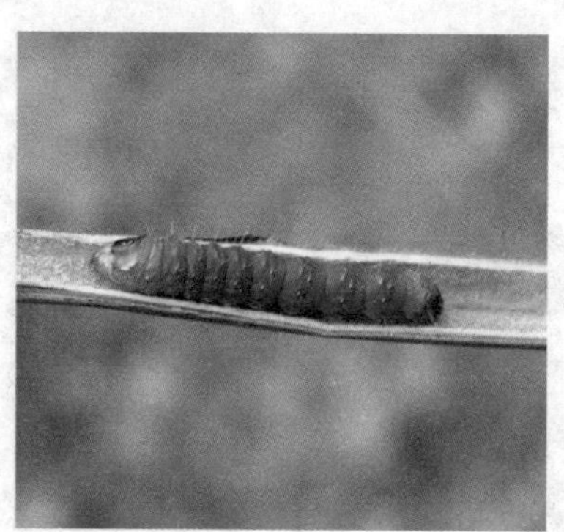
豹纹木蠹蛾幼虫

第五章 梨园害虫天敌

第一节　瓢虫

瓢虫属鞘翅目瓢虫科，可分为植食性和捕食性两大类群。植食性类群大多数取食茄科、葫芦科、菊科等，一些种是农作物的重要害虫。捕食性瓢虫约占瓢虫种数的4/5，以蚜虫、介壳虫、粉蚧、叶螨及其他节肢动物为食，是果树上很多害虫的重要天敌。捕食性瓢虫适应性强种类繁多，有像七星瓢虫类大的瓢虫（体长5~7 mm），也有异色、多异类和龟纹瓢虫等中小型的瓢虫（体长2~4 mm），它们的食性也有所不同，构成了多方位控制多种害虫的阵容。捕食性瓢虫以成虫越冬，翌年春季出蛰。越冬瓢虫先食花粉、花蜜和蚜虫等害虫，在害虫丰富时交配并产卵。卵一般呈块状，卵粒梭状，竖立排列在一起，一般每块卵20~40粒不等。卵多为黄色，也有卵呈浅红色。幼虫孵化后先聚集在一起，不久就蜕皮并四散觅食。幼虫食量很大，经几次蜕皮后老熟，逐渐化蛹，蛹为裸蛹。从卵孵化到成虫羽化大约需15~20天，成虫寿命约80天左右。成虫和幼虫阶段均可大量捕食害虫，成虫的移动性很强，可大范围搜寻寄主，迅速控制蚜虫等害虫种群的数量。

一、卵

瓢虫新卵

瓢虫卵（俯视）

瓢虫卵（侧视）

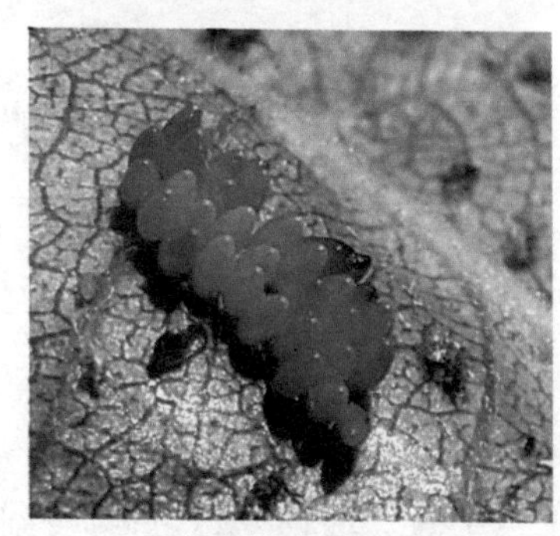
即将孵化的瓢虫卵

二、幼虫

刚孵化的幼虫

孵化后蜕下的皮

各种瓢虫幼虫

各种瓢虫幼虫

各种瓢虫幼虫

各种瓢虫幼虫

瓢虫幼虫捕食蚜虫

三、蛹

各种瓢虫蛹

各种瓢虫蛹

各种瓢虫蛹

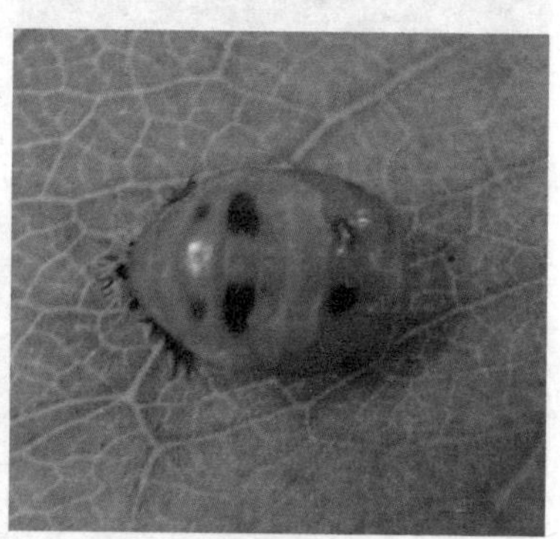
各种瓢虫蛹

各种瓢虫蛹

各种瓢虫蛹

四、成虫

刚羽化的瓢虫

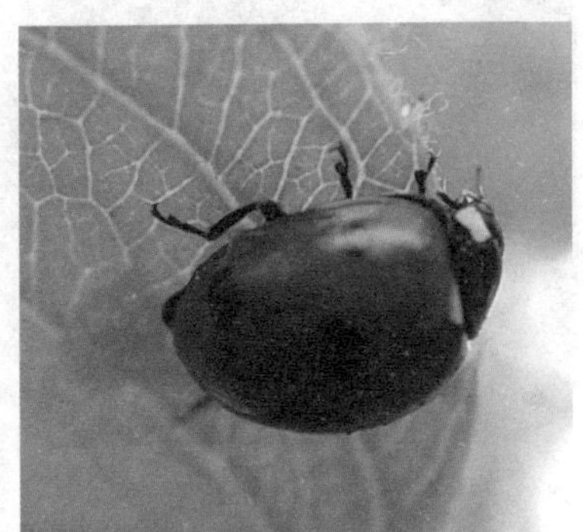
正在产卵的瓢虫

正在交配的瓢虫

正在交配的瓢虫

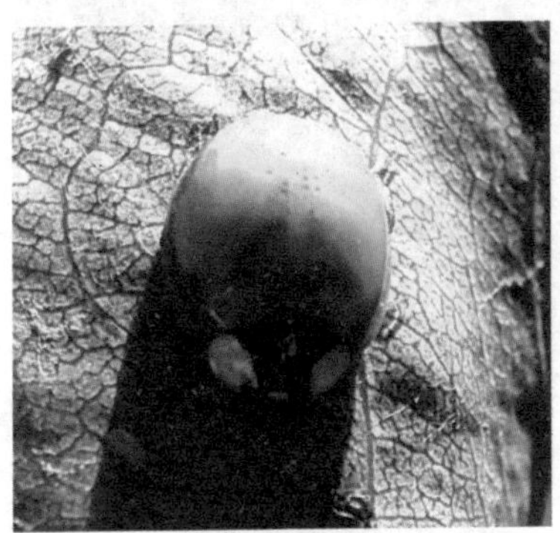
各种瓢虫成虫

各种瓢虫成虫

各种瓢虫成虫

各种瓢虫成虫

各种瓢虫成虫

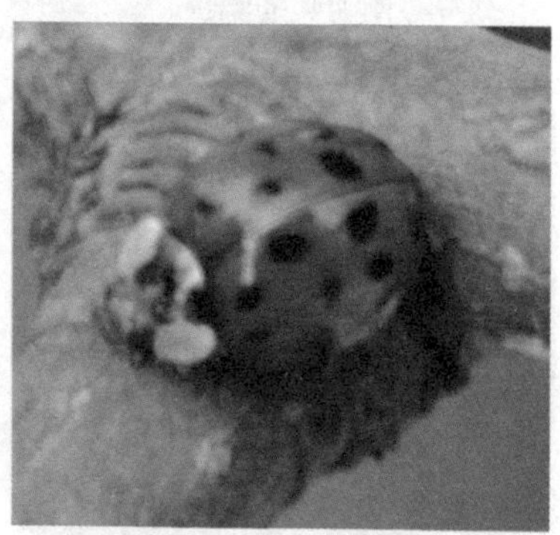

各种瓢虫成虫

各种瓢虫成虫

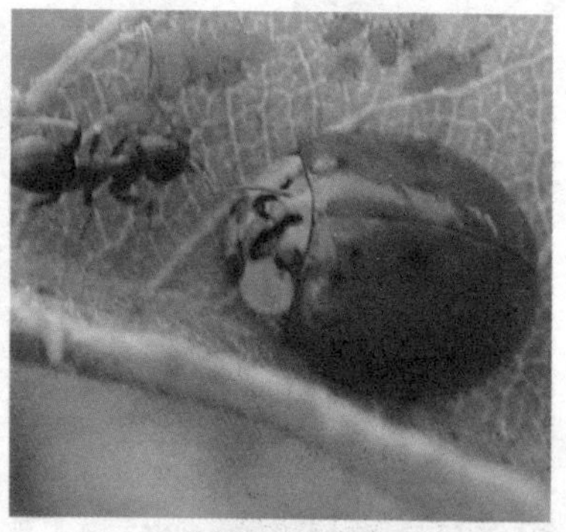

各种瓢虫成虫

各种瓢虫成虫

各种瓢虫成虫

各种瓢虫成虫

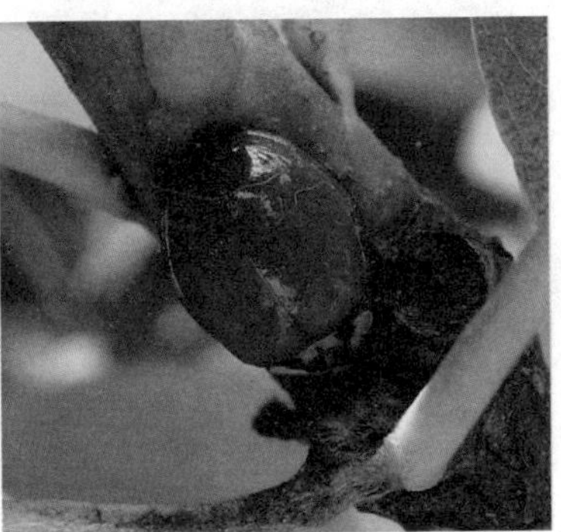
各种瓢虫成虫

各种瓢虫成虫

各种瓢虫成虫

各种瓢虫成虫

各种瓢虫成虫

各种瓢虫成虫

各种瓢虫成虫

各种瓢虫成虫

各种瓢虫成虫

各种瓢虫成虫

各种瓢虫成虫

各种瓢虫成虫

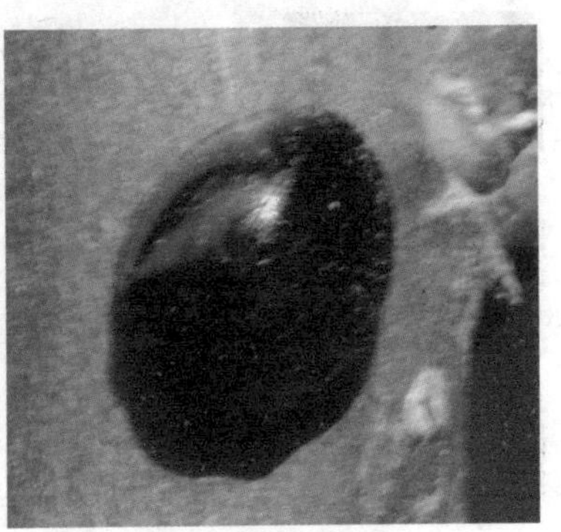

各种瓢虫成虫

第二节　草蛉

草蛉属脉翅目草蛉科，是最常见的一种捕食性天敌，在各地都有分布。草蛉的种类较多，最常见的有大草蛉和中华草蛉等。草蛉以成虫或蛹越冬，以蚜虫、介壳虫、木虱等为食，亦能捕食叶螨、叶蝉、蛾类幼虫和各种虫卵。成虫口器为咀嚼式，喜食花粉和花蜜，也捕食害虫及虫卵，每头雌成虫可产卵100粒以上。幼虫头前侧有一对弯曲的钳状口器，由上下颚合成的吸管长而尖，即是捕捉猎物的利器又是吸食的工具，捕捉吸

食猎物量大而凶猛，故称“蚜狮”。幼虫捕食期为3～4周，其间蜕3次皮，然后化蛹，7天后羽化为成虫。成虫6天后开始产卵，一般可存活14天左右。草蛉具有捕食对象多、分布广、存量大和繁殖力强的特点，对害虫具有很强的控制能力。

一、卵

大草岭的卵有长丝柄，十多粒集在一处，像一丛花蕊。中华草蛉卵单粒散产。

大草蛉卵

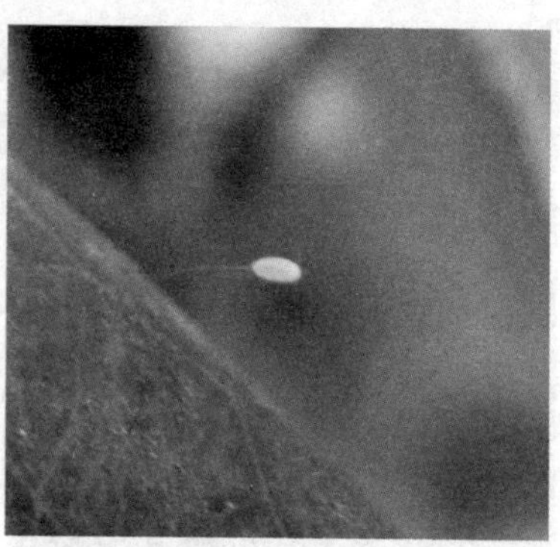
中华草蛉卵

被草蛉黑卵蜂寄生的大草蛉卵

正在孵化的大草蛉卵

二、幼虫

中华草蛉幼虫

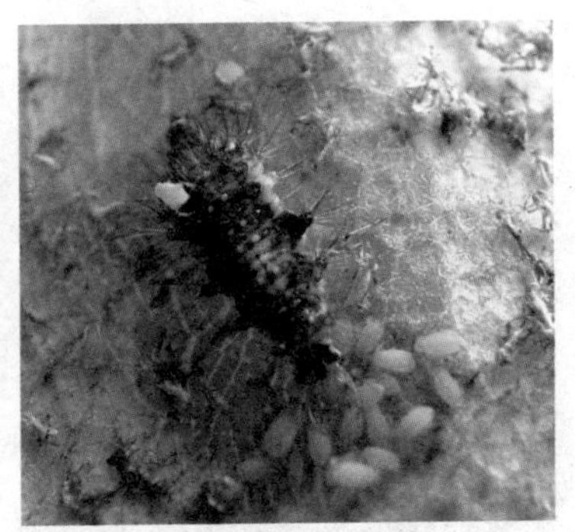
大草蛉幼虫

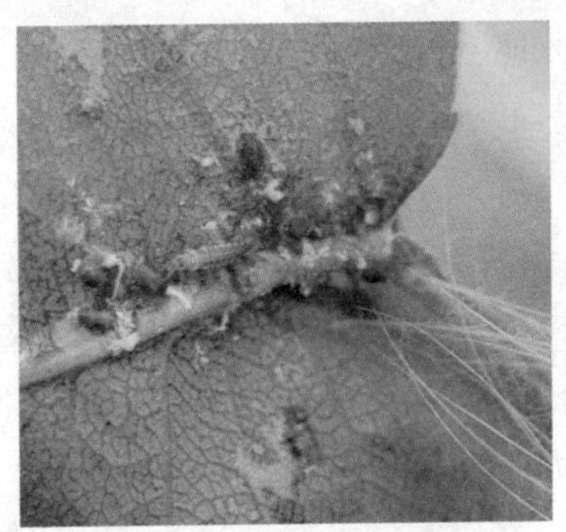
中华草蛉幼虫捕食梨木虱

三、蛹（茧）

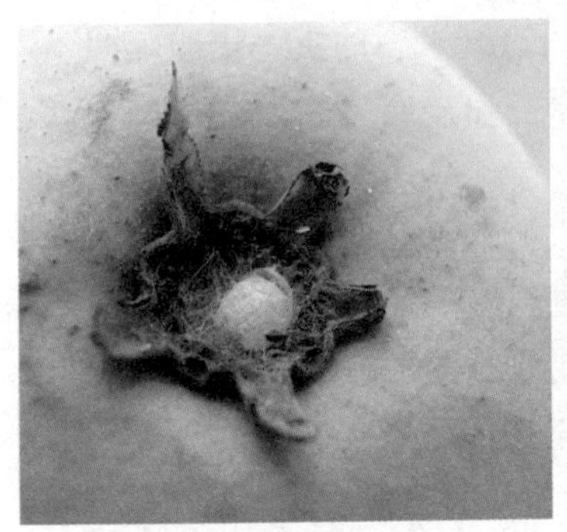
果实萼端的草蛉茧

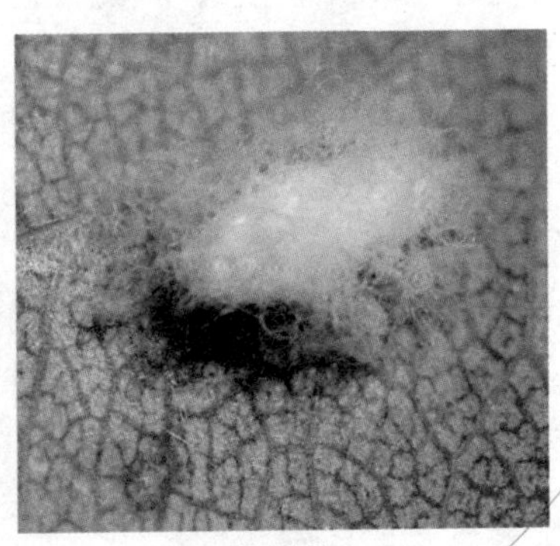
草蛉茧

四、成虫

草蛉成虫

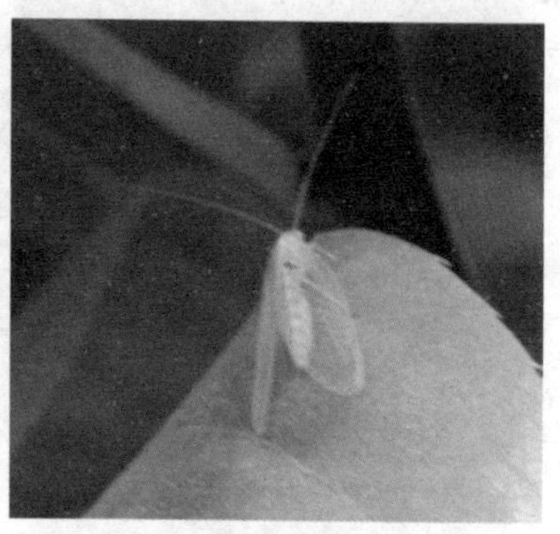

草蛉成虫

第三节　食蚜蝇

食蚜蝇属双翅目食蚜蝇科，种类繁多，成虫外形似蜂，常在花上或芳香植物上空悬飞，取食花粉与花蜜，有时取食树汁。幼虫可按食性分为腐食性、植食性、捕食性三类。捕食性食蚜蝇的幼虫能大量捕食蚜虫、介壳虫、粉虱、叶蝉、蓟马、鳞翅目小幼虫等，为这些害虫的重要天敌。食蚜蝇以交尾后的雌成虫在向阳的砖石缝中越冬，早春即开始活动，且有蚜虫一出现即可产卵繁殖的本领。成虫以花粉和花蜜为食，在新梢蚜虫密生处产卵，卵白色、棒状，长1毫米。幼虫一出卵壳即以口钩吸食蚜虫，吸干其体液，抛掉空壳并连续捕食，食量很大，每只幼虫一天可捕食蚜虫100余头。经几次蜕皮成为老熟幼虫后，逐渐不吃不动化蛹，蛹期7～10天，发育成熟后羽化为成虫，进行新一代的繁衍。成虫腹部有多样黄黑、黑白相间的横纹或花斑。幼虫蛆形，头尖尾钝，体壁上有纵向条纹。成虫飞翔能力强，能容易找到被害蚜虫的植株。

一、卵

食蚜蝇卵

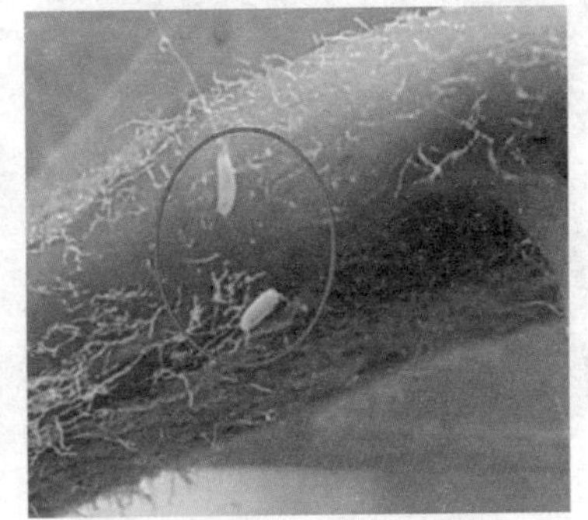
刚孵化的食蚜蝇幼虫和卵壳

二、幼虫

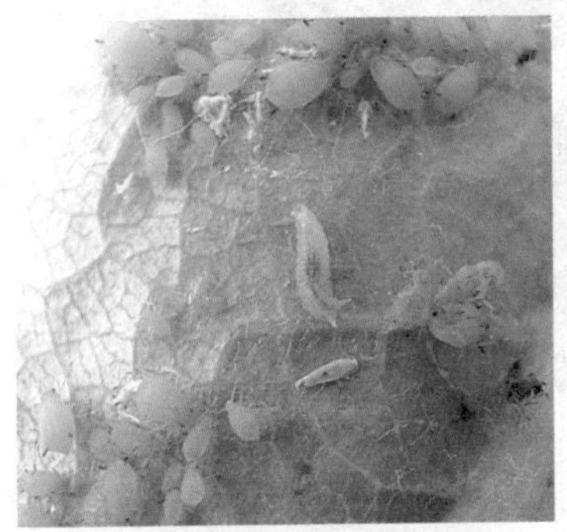
食蚜蝇幼虫和卵壳

食蚜蝇幼虫捕食蚜虫

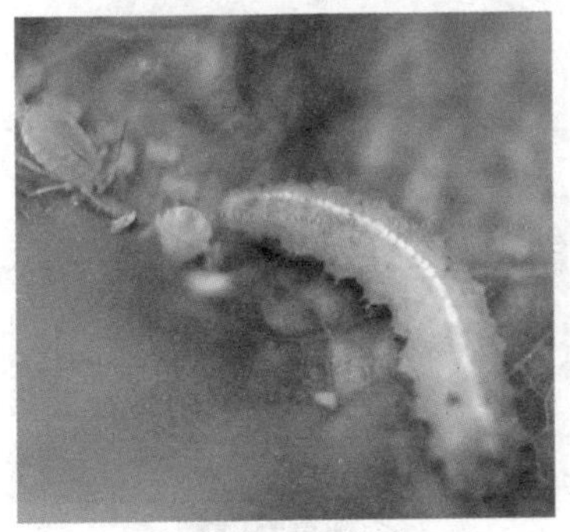
各种食蚜蝇幼虫

各种食蚜蝇幼虫

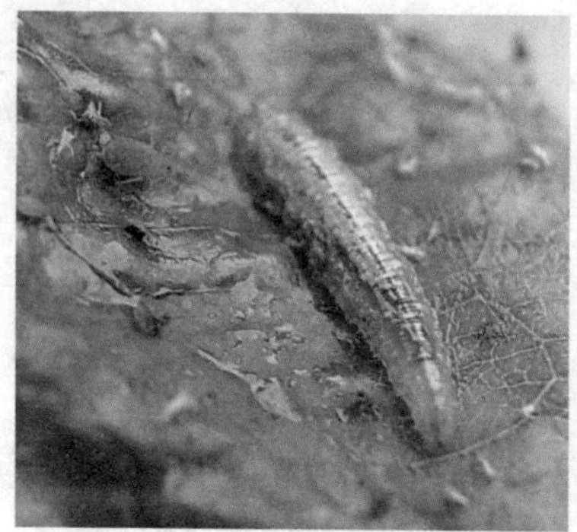
各种食蚜蝇幼虫

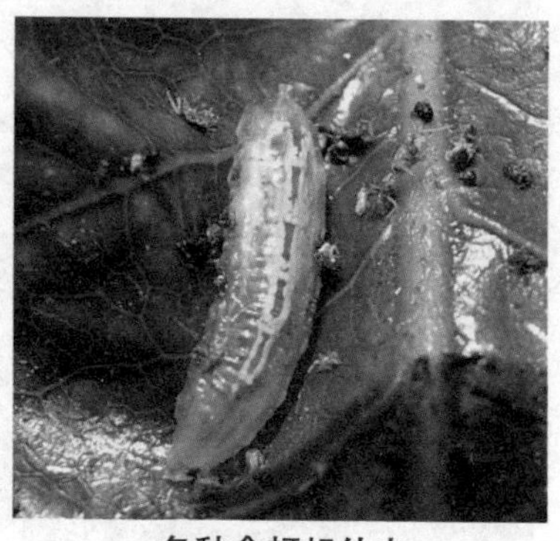
各种食蚜蝇幼虫

各种食蚜蝇幼虫

三、蛹

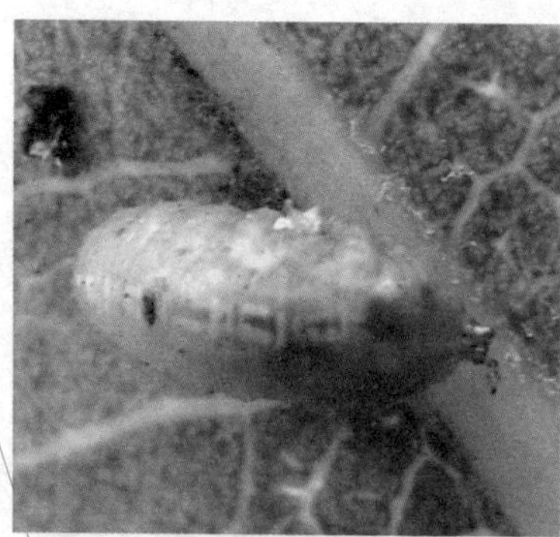
刚成蛹的食蚜蝇

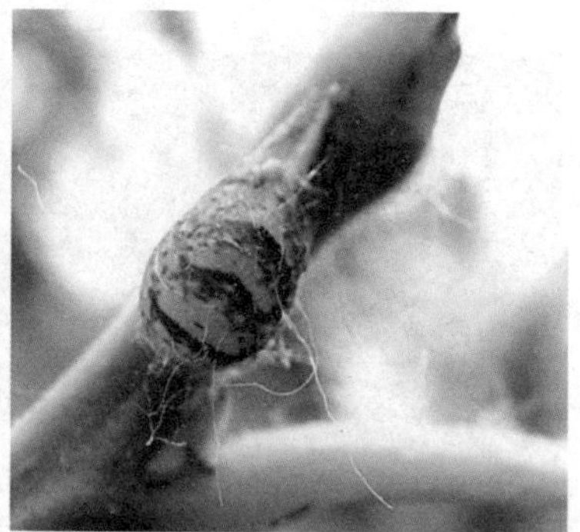
各种食蚜蝇蛹

各种食蚜蝇蛹

各种食蚜蝇蛹

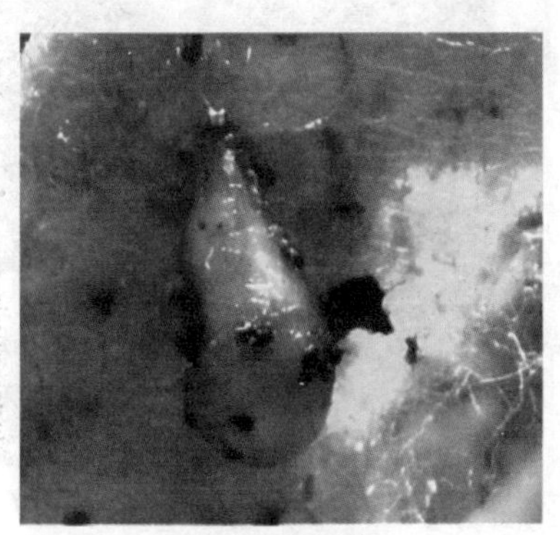

各种食蚜蝇蛹

四、成虫

正在交配的成虫

各种食蚜蝇成虫

各种食蚜蝇成虫

各种食蚜蝇成虫

各种食蚜蝇成虫

第四节　寄蝇

双翅目寄蝇科的通称。寄蝇的外形很像家蝇，身体多毛，体色一般较灰暗。幼虫蛆形，寄生于其他昆虫或节肢动物体内。多数寄蝇的成虫活跃，繁殖能力强，如粘虫寄蝇一雌能产50～5000粒卵或幼虫。成虫把卵产在有害昆虫或动物的体表，或将卵产在这些昆虫活动和取食的地方，让幼虫孵化出来以后侵入其体内，取食寄主的体液作为营养物质。寄蝇科中的不少种类寄生在鳞翅目幼虫和蛹上，其次寄生于鞘翅目、直翅目和其他昆虫，是天敌昆虫中寄生能力最强、活动能力最大、寄主种类多、分布十分广泛的类群，对防治害虫起着很大的作用。

各种寄蝇

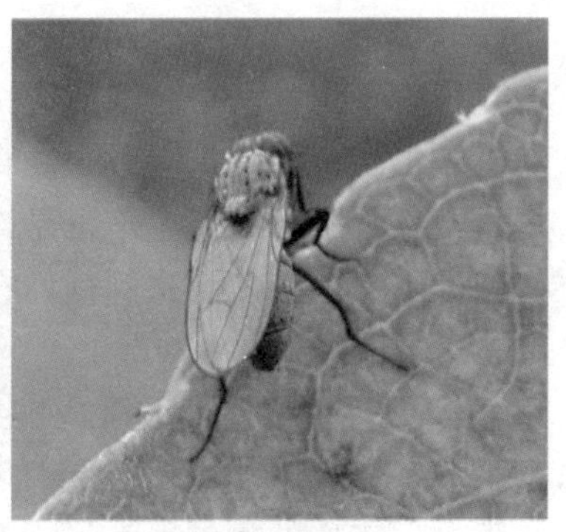
各种寄蝇

第五节　斑腹蝇

斑腹蝇属双翅目斑腹蝇科，是蚜虫和介壳虫的一类重要天敌。

成虫产卵于有蚜虫的叶片背面。幼虫孵化后，取食蚜虫，每头幼虫一生能捕食蚜虫150头左右。老熟幼虫分泌粘液，粘附在叶背、枝条或土壤内化蛹。

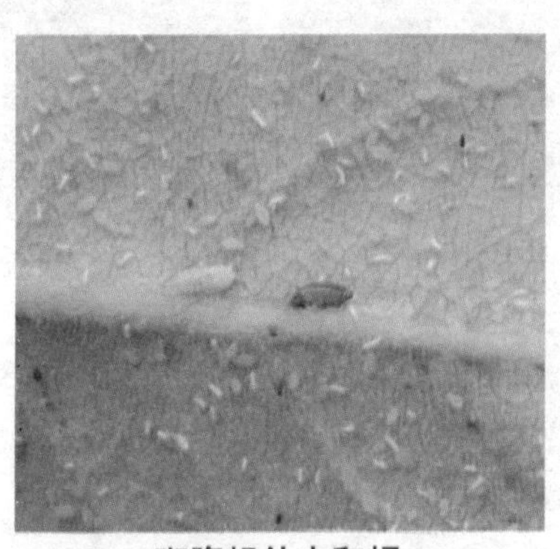
斑腹蝇幼虫和蛹

第六节　寄生蜂

寄生蜂属膜翅目，所包含的种类最为丰富，其中主要有赤眼蜂、姬蜂、茧蜂、蚜茧蜂、跳小蜂、金小蜂、肿腿蜂、平腹小蜂等多个种。寄生蜂以蛹越冬，羽化后的成虫以花蜜为食，多数种为寄生性。寄生蜂对害虫控制效果明显，可寄生害虫的卵、幼虫、蛹和成虫等各个发育阶段，但就某一种寄生蜂而言则只寄生某一种虫态。不论是寄生卵、幼虫或蛹，都是雌成虫将卵产于寄主，从幼虫到蛹均在寄主内生活，羽化后的成虫钻出，交配后再寻找新的寄主。

多数寄生蜂体形很小，小到0.5毫米，大到3毫米，少数寄生蜂5~7毫米长。寄生蜂体小而行动隐密，一般不被生产者认识，但它们的本领很大，不同种寄生蜂寿命约7~15天，个别寄生蜂成虫寿命可达50天。一生可产卵寄生猎物50~5000个。雌蜂飞行和搜寻寄主的能力很强。

各种寄生蜂

各种寄生蜂

各种寄生蜂

各种寄生蜂

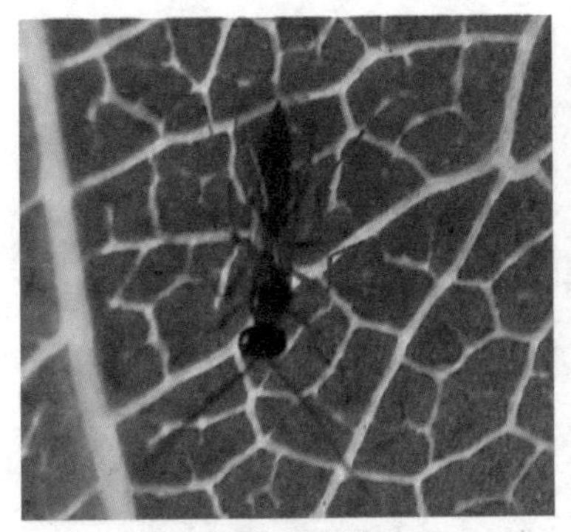
各种寄生蜂

各种寄生蜂

平腹小蜂

赤眼蜂

寄生蜂寄生虫卵

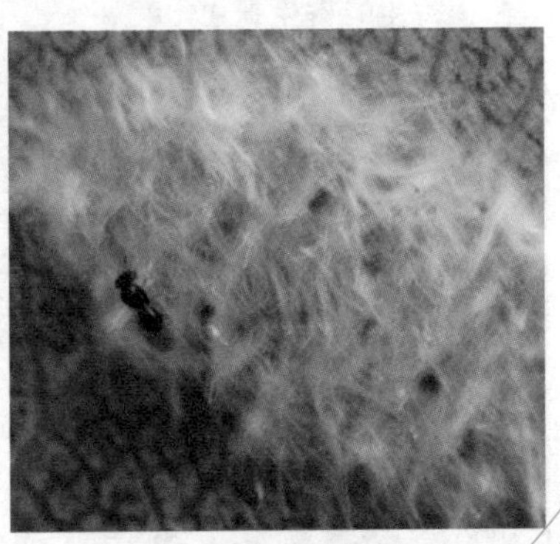
寄生蜂寄生虫卵

寄生蜂寄生食蚜蝇幼虫

寄生蜂寄生食蚜蝇蛹

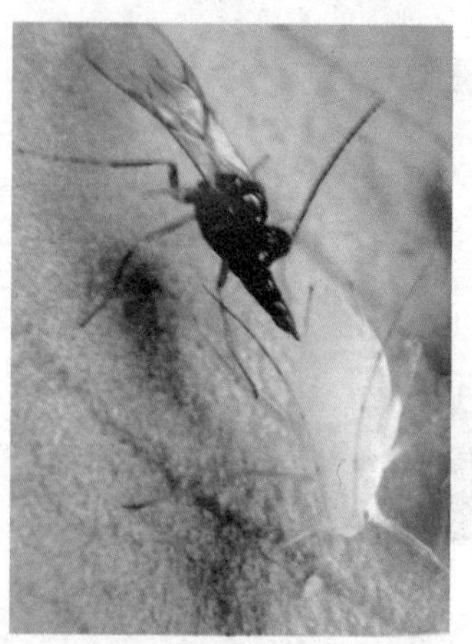
寄生蜂寄生蚜虫

被寄生的梨木虱

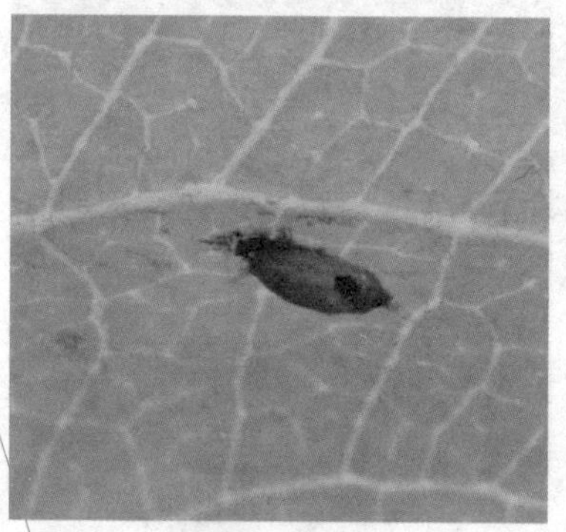
被寄生的虫蛹

被寄生的蚜虫

第七节　食虫益蝽

食虫益蝽分属半翅目花蝽科、猎蝽科、盲蝽科等科，种类很多，分布很广。各种类间成虫个体差异很大，小到2毫米，大到5毫米，但一般雌性个体略大于雄性。从若虫到成虫均能捕食多种小型昆虫，行动机警迅速。例如蚜虫、梨木虱及螨类，以口器刺穿猎物体壁，吸食其体液，吸干后将猎物空壳抛在一边，继续捕食。成虫寿命一般20多天。雌成虫一生可产卵120粒以上。成虫飞翔能力强，能够很容易找到被为害的植株和猎物目标。

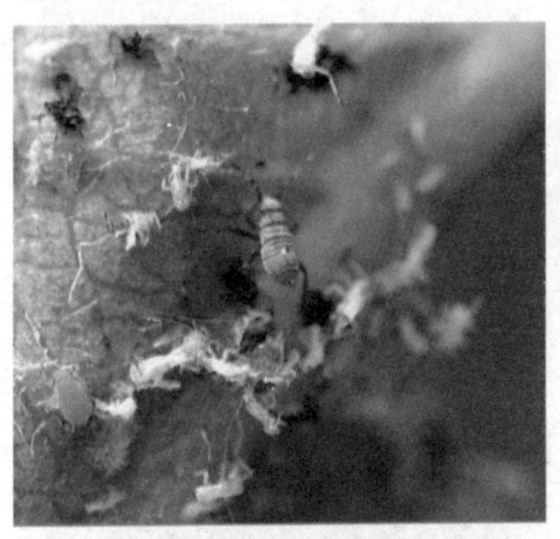

各种食虫益蝽

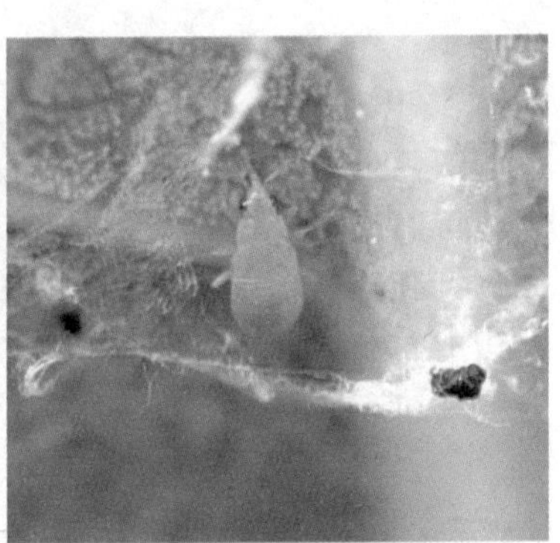

各种食虫益蝽

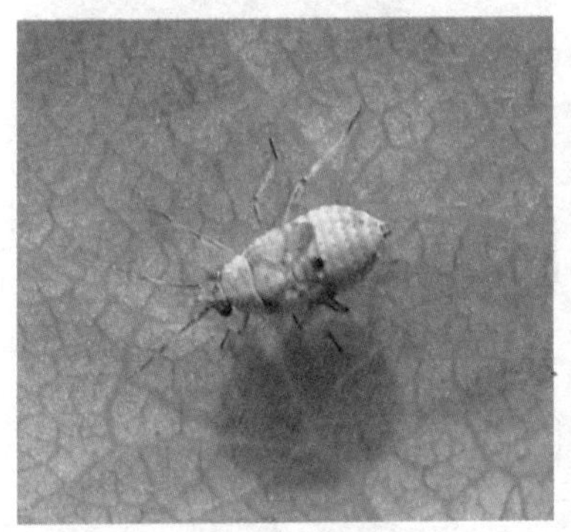

各种食虫益蝽

各种食虫益蝽

各种食虫益蝽

食虫蝽捕食梨木虱若虫

第八节 食虫虻

食虫虻属双翅目盗虻科，一般是中、大形的昆虫。体黑色、灰色、淡黄色、褐色等，有的具绿色或蓝色金属光泽。体粗壮，通常多毛。足长，能在飞行中捕食，在进食时用足抓握食物，几乎能捕食所有的飞行昆虫，并且会注入一种液体到捕获物中分解其肌肉组织。

各种食虫虻

各种食虫虻

第九节 食蚜瘿蚊

食蚜瘿蚊属双翅目瘿蚊科，是重要的蚜虫捕食天敌。成虫以蜜露为食，白天一般隐藏在叶片背面，晚上或黄昏出来交尾、产卵活动。其卵呈椭圆形，极小（0.3毫米×0.1毫米），产于蚜虫附近。新孵化幼虫长0.3毫米，老熟幼虫黄色，长2.5毫米。捕食蚜虫时，先将一种麻痹毒素注入蚜虫体内，使其体内物质溶解后吸食。其杀死的蚜虫远多于被吃掉的蚜虫。幼虫期为7～14天，可捕食蚜虫10～100头。秋季气温降低，瘿蚊以老熟幼虫钻入地下结茧越冬。

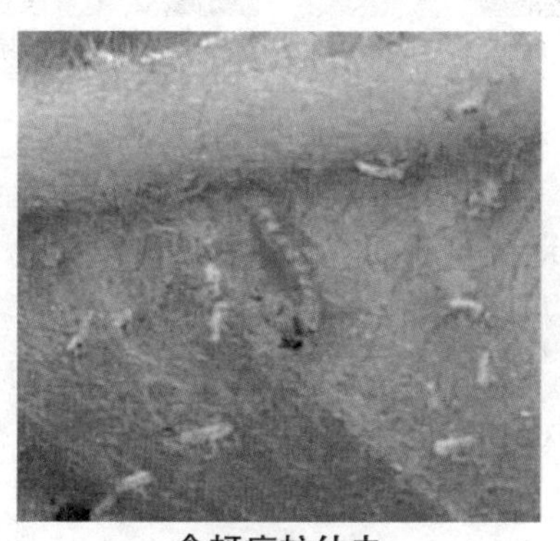

食蚜瘿蚊幼虫

第十节　捕食螨

捕食螨属蛛形纲蜱螨目植绥螨科，种类丰富，分布广泛。以成虫在树皮及旧果台裂缝中越冬，翌春出蛰后爬到叶片交配产卵。成虫体近圆球形，体长0.3～0.6毫米，半透明或浅橘红色，行动敏捷，寻找食物时不停游走。刚孵化的幼螨有6条足，经蜕皮后变为8条足，主动运动捕食，以口器刺穿猎物吸取体液。在没有害螨及卵等猎物的情况下，捕食螨可以植物花粉和昆虫分泌的蜜露为食，但因其活动范围很小，在消灭害螨后常因缺乏食物而饿死。成螨寿命20天左右，一生需多次交配产卵，可产卵50粒左右，在叶片上观察多数以雌雄螨成对存在。

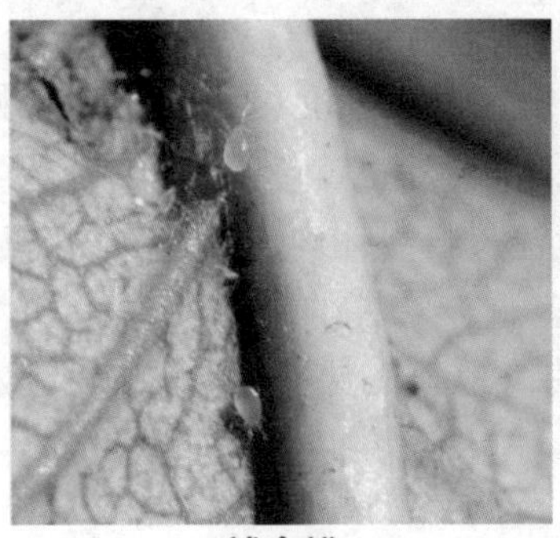

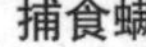

捕食螨

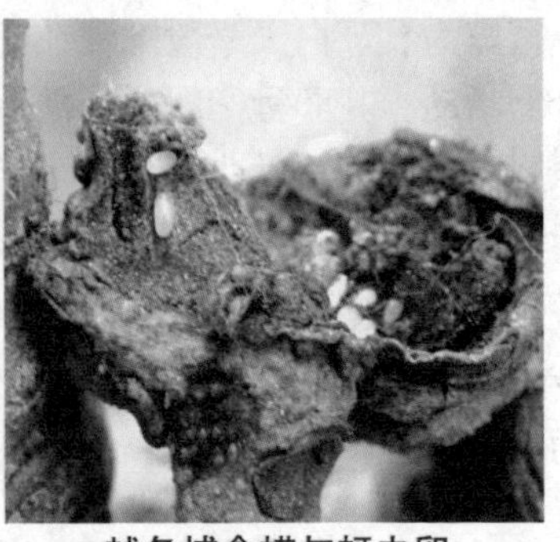

越冬捕食螨与蚜虫卵

第十一节　蜘蛛

蜘蛛属蛛形纲蜘蛛目，是果树害虫的重要天敌，是果园的留守卫士，以成蛛或亚成蛛在树皮裂缝内越冬。蜘蛛种类繁多，形态多样，习性各异，本领神奇，大小、形状和颜色各异，其捕食方式也各式各样，有织网的、有结漏斗的、有拉纤的、有做窝的、还有游走的，树半空、枝叶间、草丛中都是它们捕捉害虫的场所。对有翅蚜、梨木虱成虫、梨花网蝽、食叶害虫及各种虫卵广谱捕食。蜘蛛一年一代，以各样卵囊培育后代，卵囊中有卵 70 个以上。蜘蛛生活方式可分为两大类，游猎型和定居型。游猎型到处游猎、捕食、居无定所、完全不结网、不挖洞、不造巢的蜘蛛，如狼蛛科。定居型蜘蛛或结网或挖穴或筑巢，作为固定住所，如园蛛等。

各种游猎型蜘蛛

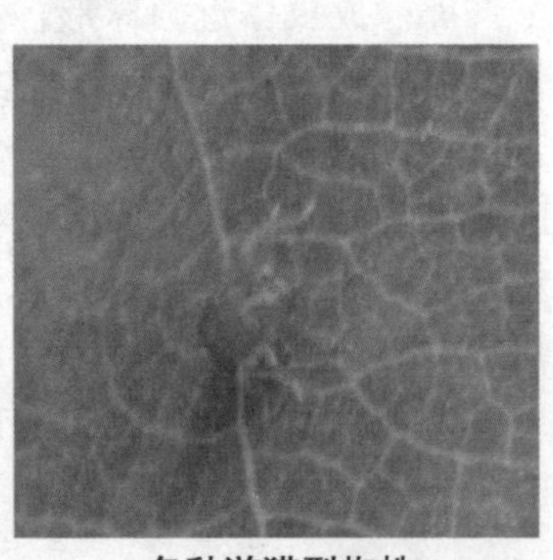

各种游猎型蜘蛛

各种游猎型蜘蛛

各种游猎型蜘蛛

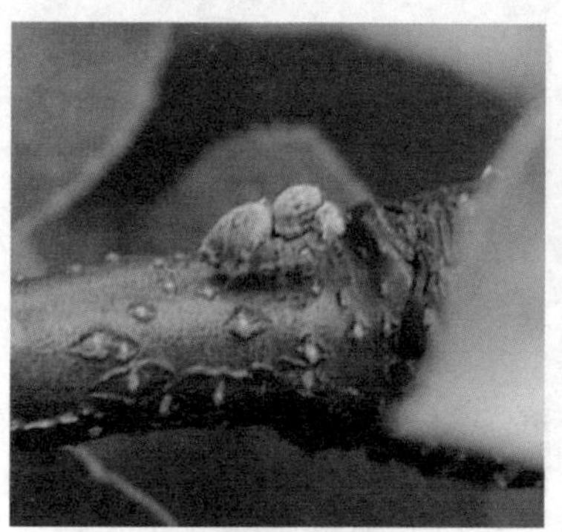
各种游猎型蜘蛛

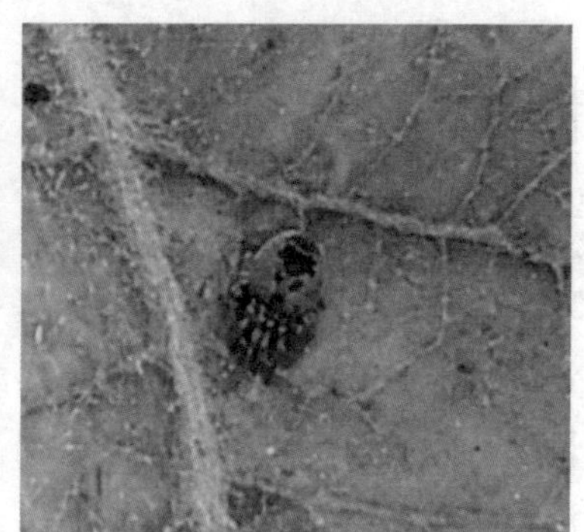
各种游猎型蜘蛛

各种游猎型蜘蛛

各种游猎型蜘蛛

各种游猎型蜘蛛

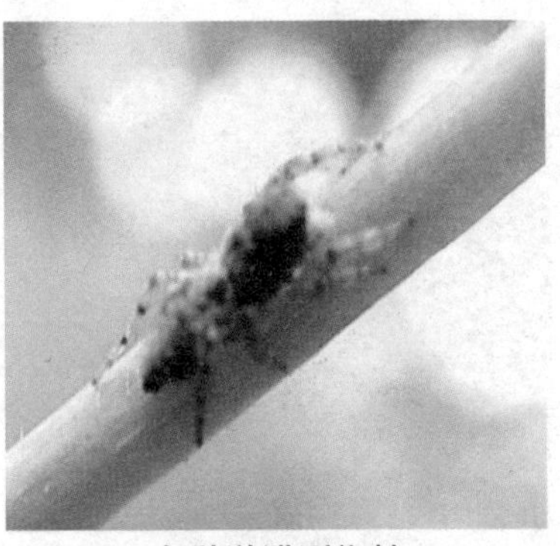
各种游猎型蜘蛛

各种游猎型蜘蛛

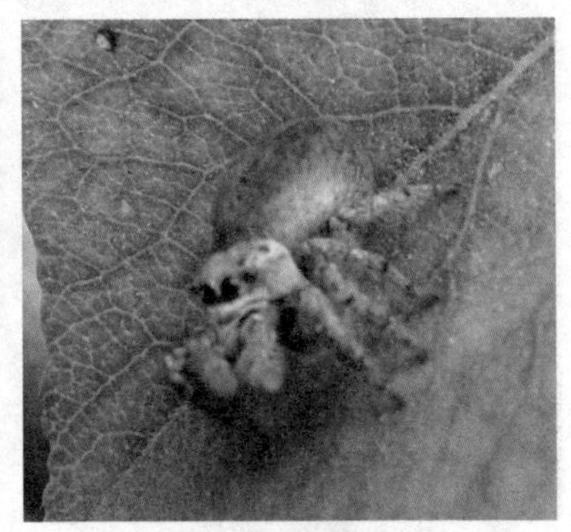
各种游猎型蜘蛛

各种游猎型蜘蛛

各种游猎型蜘蛛

各种游猎型蜘蛛

各种游猎型蜘蛛

各种游猎型蜘蛛

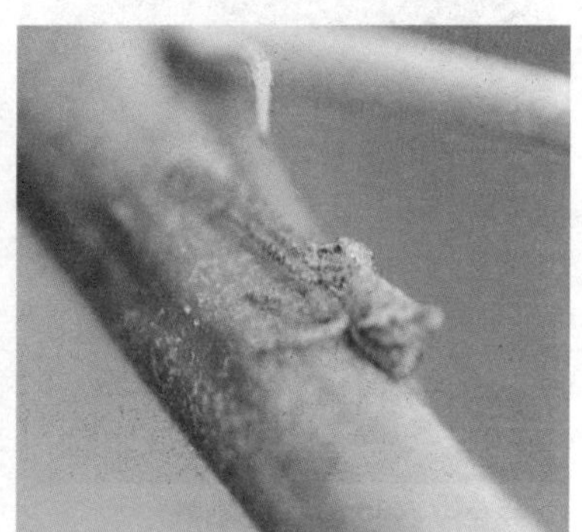
各种游猎型蜘蛛

各种游猎型蜘蛛

各种定居型蜘蛛

各种定居型蜘蛛

各种定居型蜘蛛

各种定居型蜘蛛

各种定居型蜘蛛

各种定居型蜘蛛

各种定居型蜘蛛

各种定居型蜘蛛

各种定居型蜘蛛

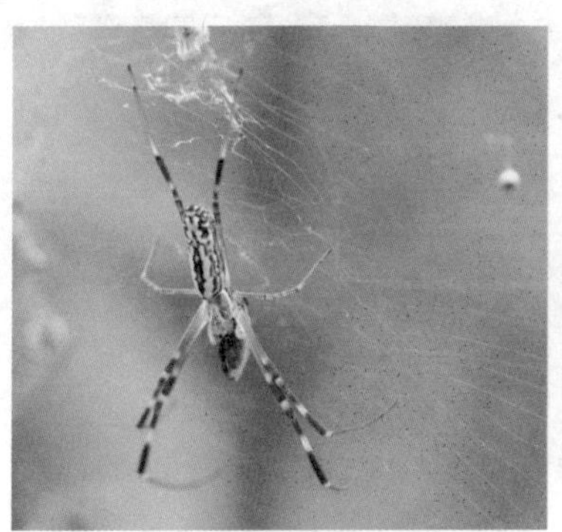

各种定居型蜘蛛

各种定居型蜘蛛

各种定居型蜘蛛

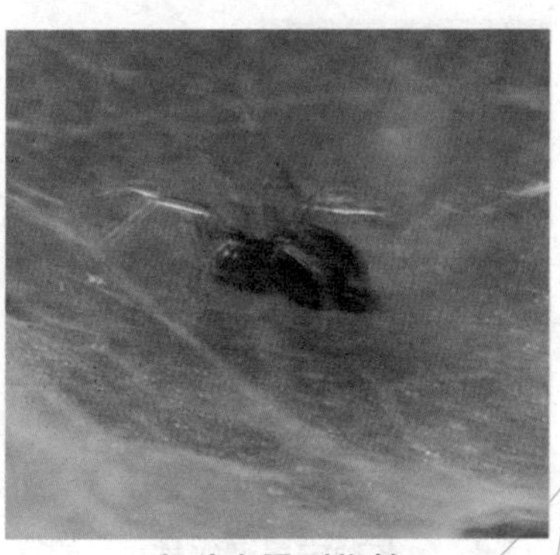

各种定居型蜘蛛

各种定居型蜘蛛

各种定居型蜘蛛

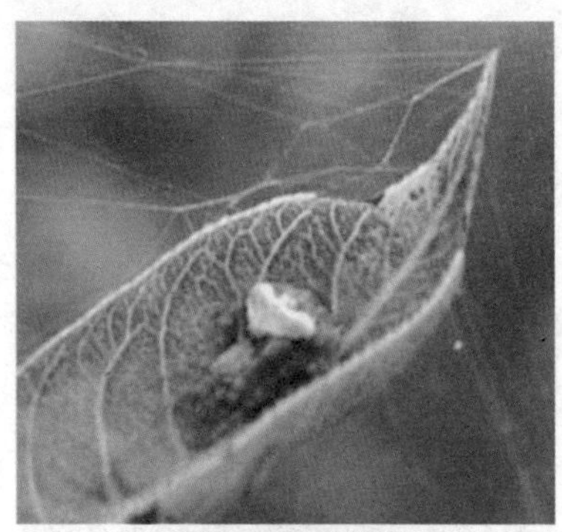

各种定居型蜘蛛

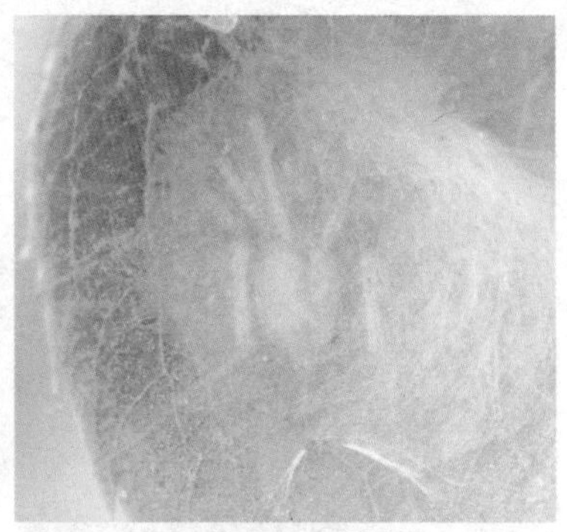

各种定居型蜘蛛

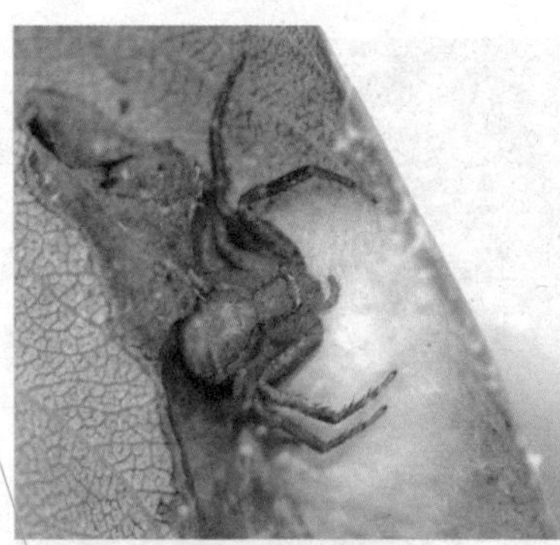

各种定居型蜘蛛

在地面活动的蜘蛛

守卫卵囊的蜘蛛

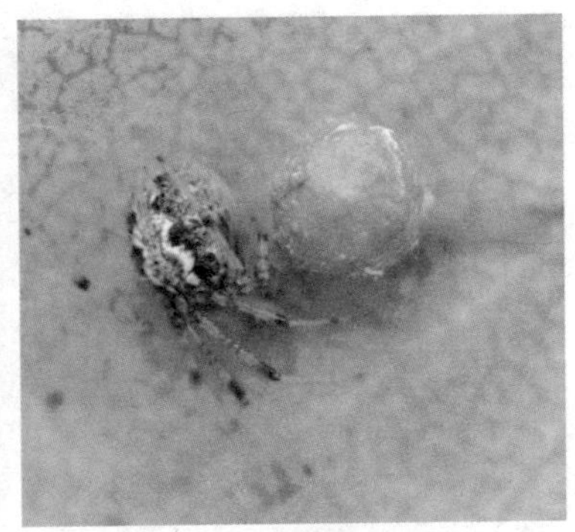

守卫卵囊的蜘蛛

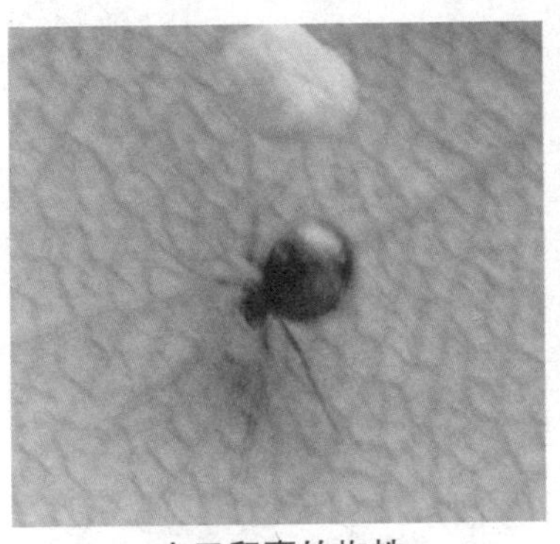

守卫卵囊的蜘蛛

守卫卵囊的蜘蛛

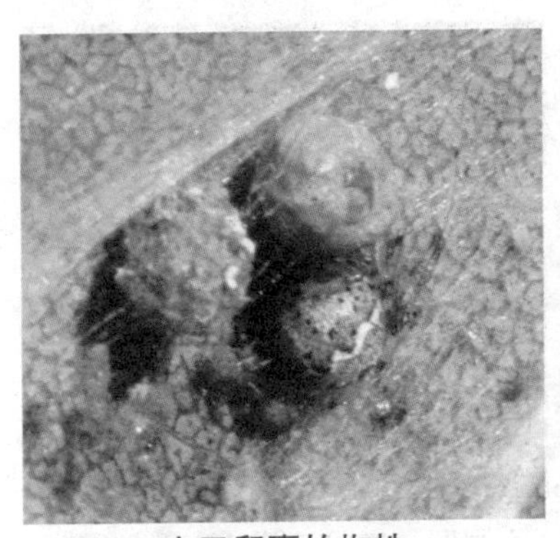

守卫卵囊的蜘蛛

携带卵囊的蜘蛛

刚从卵囊孵化出的小蜘蛛

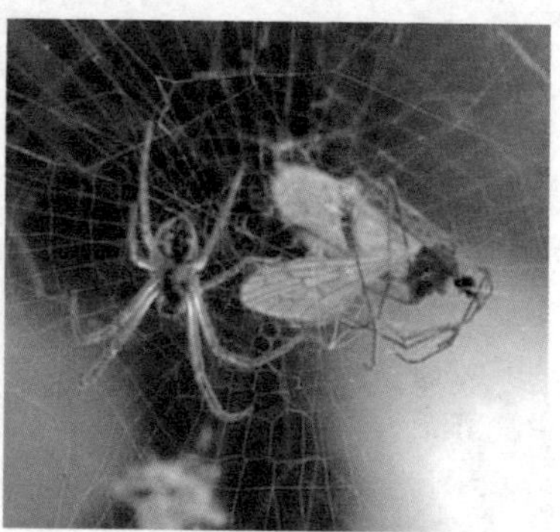

蜘蛛捕食各种昆虫

蜘蛛捕食各种昆虫

蜘蛛捕食各种昆虫

蜘蛛捕食各种昆虫

梨园中蜘蛛结成的大型蛛网

在果树枝杈、缝隙中越冬的蜘蛛

第十二节　其他天敌

梨园中害虫的其他天敌还包括螳螂目中的螳螂、蜻蜓目中的蜻蜓等昆虫以及蟾蜍、蜥蜴等动物，它们与其他天敌一起共同维护着梨园的生态平衡。

蟾蜍

螳螂卵块

螳螂

螳螂

蜻蜓

蜻蜓

结束语

梨园的宏观生态平衡容易被生产者认识，微观生态平衡一般不被生产者认识。正常微生物与环境之间所构成的微生态系统中，原籍微生物种群之间相互依存、相互制约，形成一种相对的动态平衡。当树体受到不良因素的影响后，抵抗力降低，微生态平衡失调，病原微生物大量繁殖，造成树体发病。梨园由于长期喷施各种杀虫杀菌剂，导致果园微生态菌群失调，使正常微生物种群被抑制，耐药性病原菌群得以大量繁殖，削弱了果园有益菌群对有害菌群的平衡机制。由于从土壤到树体微生态环境的失衡，造成无处不在的有害菌对土壤环境和果树健康的为害。因此，有目的的为梨树增施生物有机肥，增加受农药污染土壤中的有益菌群，削弱梨园土壤病原菌及线虫等有害生物，促进土壤微生态的平衡和根系健康；有针对性地为树体防病治虫喷布生防菌剂，不断增加和补充有益微生物种群的数量，促进树体有益菌群对有害菌群的微生态的平衡，使梨园逐步形成生态自我平衡机制。

通过对树体多次喷布三安植物保护菌剂，使有益菌及其代谢产物，通过生态占位和抑制病原菌孢子萌发等作用，调节树体微环境、正常微生物种类和病原物之间的生态平衡，提高树体健康水平和抗逆性，不断抑制有害病菌繁殖和为害，达到防病治病的目的。

在生物防治的条件下，配合农业措施、生态控制和物理防治等措施，有利于果园宏观与微观的生物种群间相互影响和调节，逐步建立完善病虫害综合生物防控体系，如各种天敌对害虫，有益菌与病原菌的相互制约平衡，捕食、寄生、种间竞争等因素。通过合理的人工调控，各种生物经过长期相互作用，逐渐趋向有利于生产

的相对平衡。使果园的生态效益、生产效益和可持续发展能力不断提高。

通过四年梨园生物防治试验和梨园生态建设的经验，我们初步总结出一套以生物防治为主，多种技术集成应用的梨园病虫害防治技术。注意生物防治与各种植保技术的协调配合，充分发挥农业、物理及其他有效的生物学、生态学方法，按照“预防为主、综合防治”的指导思想，以及安全、有效、经济、简便的原则，开展以生物防治为主要手段的有害生物综合防治研究应用，实现了对有害生物的可持续治理。我们愿为满足人民对农产品安全的需求，促进绿色农业的发展，保障农业生态环境探索新途径；我们愿为落实“公共植保、绿色植保”的新理念而不断努力追求和探索。绿色农业让环境更清新，安全食品让生活更美好!

参考文献

[1] 王源岷，等.中国落叶果树害虫[M].北京：知识出版社，1999

[2] 邱强.中国果树病虫原色图鉴[M].郑州：河南科学技术出版社，2004

[3] 盛仙俏，陈桂华，谢以泽.梨病虫原色图谱[M].杭州：浙江科学技术出版社，2006

[4] 夏声广，等.梨树病虫害防治原色生态图谱[M].北京：中国农业出版社，2007

[5] 王国平，窦连登.果树病虫害诊断与防治原色图谱[M].北京：金盾出版社，2007

[6] 孙益知，等.果树病虫害生物防治[M].北京：金盾出版社，2009

[7] 鲁韧强，刘军，王小伟，魏钦平.梨树实用栽培新技术[M].北京：科学技术文献出版社，2010

[8] 王国平，等.梨主要病虫害识别手册[M].武汉：湖北科学技术出版社，2012

[9] 刘军，魏钦平，鲁韧强，王小伟.图解梨良种良法[M].北京：科学技术文献出版社，2013

[10] 刘成，等.梨黑星病研究进展[J].北方园艺，2009(6):119～124.

[11] 田路明，等.梨品种资源果实轮纹病抗性的评价[J].植物遗传资源学报，2011(5):796～800.